A ROMANTIC VEGETARIAN AFFAIR

蔬食也可以很浪漫

愛、料理與傳承

22 道新加坡日法精緻料理

＋

10 道澳洲營養美味蔬食

黃獻祥　黃彥焜　黃玉欣——著

作　者　簡　介

黃獻祥

- 1968年創「和漢料理店」（台北昆明街）
- 1979年創「久88海鮮餐廳」
- 1988年創「祥興樓結婚會館」
- 1989年創「Gourmet餐廳」（新加坡）
- 1990年創「香江樓港式酒樓」
- 2003年創「Tao's Restaurant」（新加坡）
- 2004年創「Juju Hokkaido Hot Pot」日本火鍋（新加坡）
- 2005年創「祥鶴樓江浙餐廳」
- 2006年創「Tao's富貴陶園」（墨爾本）
- 2007年創「DoZo Restaurant」日式法式創意料理（新加坡）
- 2008年創「千喜屋素食自助餐廳」
- 2014年創「Joie Restaurant」高級蔬食創意料理（新加坡）
- 2015年創「V Series蔬食坊」（墨爾本）
- 2016年創「新食代素食坊」
- 2020年創「蔬寶廚房」

社團資歷

- 1980年 擔任台北市義消顧問團顧問
- 1982年擔任擔任餐飲工會研究發展會主任委員
- 1990年擔任國際藝文獅子前會長
- 1999年開始擔任慈濟志工
- 2004年擔任中和圓通扶輪社創社社長
- 2008年擔任墨爾本台灣同鄉會前會長
- 2015年擔任新北市烹飪公會第三屆會長

黃彥焜（料理見第22～69頁「新加坡篇」）

- 1979年出生
- 2001年，畢業於新加坡國立大學金融系，畢業後加入新加坡大華銀行
- 2003年，24歲創業開了新加坡「Tao's Restaurant」
- 2004年，在「Tao's Restaurant」的成功經營下，將隔壁店面頂下來開了「Juju Hokkaido Hot Pot」日本火鍋
- 2007年，開始進軍中高級餐廳，開創「DoZo Restaurant」日式法式創意料理
- 2014年，開創「Joie Restaurant」高級蔬食創意料理
- 名下餐廳在經營的這些年間贏得許多獎項。Joie餐廳更是被新加坡最權威的*Wine & Dine*雜誌連續好幾年評選為「新加坡頂尖餐廳」

黃玉欣（料理見第70～91頁「澳洲篇」）

五歲前都在鄉下長大，有牛為玩伴，不捨得吃動物。
父母是資深的餐飲經營者，從小在餐飲環境長大，也深受影響得愛上這個環境。
本身就不愛吃肉，與素食因緣很深；因緣際會下開始經營素食餐廳（在此也特別謝謝莊主廚的全力協助）。
很感恩此因緣，有許多善知識的圍繞；除了蔬食，也致力推廣環保意識。

推薦序一

不斷創造自己價值的人生

原來，人生規律就是那麼簡單。捨即是得，付出即收穫，承擔帶來成長，不計較則帶來福報。決定人生是否美好，在一念之間，感恩生命中所有的挫折與相遇，越努力越開心、幸運。作者黃獻祥謙虛說到：「人生來到七十歲，超過一甲子的時間，才領受到知足和體會。」從黃兄的回憶了解到他成長過程的心路歷程，也很佩服他一路走來不斷創造自己的價值，吃苦當作吃補，奠定人生不凡的成就。

在黃兄的成長過程中有兩段值得我們省思的故事。他常常抱著感恩的心，在小學曾接受同學的愛心便當，時間長達三年；因此激發他奮發向上的力量，握著爸爸的攤頭，努力往前走，不再怕冷。三十歲時在經營事業遇到重大的挫折時，像是房東刁難大漲店租，他都能用正面思考去面對，化危機為轉機。

黃兄是充滿智慧的人，在四十年前的時代，一般都是靠著勞力埋頭苦幹，而他卻願意花錢學知識，因此能突破自己的經營之道。他在人生正順遂的時候，毅然決然大幅改變事業經營的模式，這是非常冒險也需要勇氣的抉擇，事實證明讓他獲得更寬闊的視野。

近年環保與健康意識高漲，越來越多人開始無肉的素食旅程。吃素成為一種新潮，而他在素食業界經營多年頗有一番成就，連兒女也投入素食產業，可說是不遺餘力的推廣素食的美好。

黃兄的人生歷程非常豐富且精彩，許多值得大家學習的地方，因此這本書非常推薦給大家。

奇麗灣創辦人
陳家昇

推薦序二

修德力行，值得學習的好榜樣

我與黃兄結緣在二十幾年前一次慈濟的活動上，當時黃兄經營的餐廳事業已相當成功，爾後從師姊那裡輾轉聽到，黃兄為了孩子的教育移民新加坡，也在澳洲開了餐廳，這在當時的台灣，能有如此白手起家，進而跨國經營餐廳事業的例子，相當稀少；尤其聽說不久後黃兄由於 上人的感召而毅然決然收掉台灣生意很好的葷食餐廳，改提倡蔬食，心裡已經是相當敬佩。

之後黃兄擔任榮董聯誼會的窗口，我們有機會進一步熟識，聽他聊起小時候環境不是那麼好，可以有往後的成就，憑著全是吃苦努力的毅力，我甚至從他所做的佛行善事，看見他精進勤實的身影，平常無所求地付出，不止相當有善心，布施上更是不為人後。

我也是在四十五年前踏入印刷產業，一路從學徒經歷1990年代創業到現在，可以感同身受經營事業的甘苦，相信我們都有一樣的體會——當一個人在付出時無所求，不去計較回饋，收穫就會越多。我因此也看出黃兄的人生觀和格局與一般人很不一樣，記得上人時常提醒我們，人要有恢宏廣達的人生觀——「普天之下無我不愛的人」、「普天之下無我不信任的人」、「普天之下無我不原諒的人」；我想，黃兄是本著這「普天三無」謙虛彎腰、寬容修德的好榜樣，從他和員工的互動上看得出來，三個孩子也都很傑出，願意傳承爸爸的理念和精神，非常的不容易，黃兄一直以來精益善行及以身作則的精神，都是值得我學習的。

這本書的印刷製作，完全是得於黃兄的信任，而把它交付給我，這是非常殊勝的因緣，所以更要把它做好；能圓滿黃兄的傳承心願，和他一心想推廣蔬食所做的努力，我與有榮焉！

豐聖彩色印刷有限公司 董事長
林禹利

序　一

勤修心田結好緣

世上萬事萬物，都有它的法則，你不捨，就不會得；天下也沒有白吃的午餐，你不付出，就不會收穫；天上真的不會掉下禮物，你不承擔，就不會成長；別懷疑吃虧就是占便宜，你越計較，福報越遠離你。原來，人生的規律就是這麼簡單：捨＝得，付出＝收穫，承擔＝成長，不計較＝福報；你希望自己快樂，就帶給別人快樂，你常感謝人，別人會加倍回報你。決定人生是否美好，在一念之間，感恩生命中所有的挫折和相遇，越努力越開心、越幸運。

人生來到七十歲，幾乎有一甲子的時間，我都是在餐廳生意上經營打滾，回想這磕磕絆絆的歲月，一直到今年退休這個階段，這是我領受到的知足和體會！

窮苦嬰仔，吃苦當成吃補

説起來，我是艱苦嬰仔出身的！小學三年級（十歲）開始，我下午三點多放學就得跟著爸爸從北門福星國小出發，沿著延平北路熱鬧的布市一路叫賣筒仔米糕和排骨湯。常常，流動攤販沒辦法等客人吃完就要往前推了，我的工作就是跟在後面把碗筷收齊，然後快跑追上爸爸；那時家裡很窮沒得買鞋，每天打赤腳就這樣跟著跑，繞一圈回到中華路爸爸賣鴨肉扁的朋友的路邊攤時，已經晚上十二點，利用大人喝酒空擋我趕快寫功課，凌晨一兩點再摸黑走回艋舺寶斗里。路上，爸爸怕我睡著跌倒，就用繩子把我綁在擔子上，走到家三點多我也醒了，清晨五、六點還要早起準備，走一個多小時的路去學校。

日子一天一天過，窮苦人家的孩子根本不敢喊苦，直到我考上松山中學才停止叫賣；國中讀了一年，還是付不起四百元的註冊費，只好退學，跟其他六個兄弟姊妹一起在中華路路邊擺流動攤販，賣米粉湯過日子。

人在艱苦的環境裡，可以低頭認命、隨波逐流，但我的個性就是不服輸，天生樂觀好客，很喜歡幫助弱者。眼看著每天喝酒的爸爸沒有前途，從十三歲到二十三歲我開始抗命的人生，但期間雖然好幾次離家出走，還是常常不忍心，又回家扛債。老天爺是疼憨人的，只要認真勤實地做，會有「出頭天」的一天！總算，一家人從在中華路鐵道旁中華商場租十坪、擠九個人的生活，慢慢好轉我可以獨當一面，十七歲開始當少年主廚，帶著一夥年輕人把昆明街的「和漢料理」生意做得搶搶滾，二十三歲時我成家想獨立，就和太太輾轉頂下華西街「久88海鮮」。

四、五十年前，爸爸動輒一兩百萬、三百萬的負債，逼得我不得不想盡辦法翻身，但也因為這樣，讓我練就一手好廚藝和餐廳經營的眉角，特別是承受高壓的能力，遇到逆境時，我會樂觀面對：相信天無絕人之路；想想，這種自信何嘗不是從苦裡來？給你最多苦難的人，常可能是生命中最大的貴人……

常常抱著感恩的心，貴人會常在身邊

人的一生不可能一帆風順，遇到困境，用什麼心態去面對，決定未來；我都這樣想，只要常常抱著感恩的心、正念思考，貴人也會險中生。在我的人生字典裡，小學同學是貴人；同學看我瘦巴巴的常常有一餐沒一餐，便當盒雖然帶了也只是做做樣子，就好心跟我說：「我的便當以後都給你吃。」我這一吃就是三年；雖然同學家境很好，小孩子心思只想從此可以去買自己想吃的，但是對我來說，卻是一輩子都忘不了的便當之愛。

沒有想到，這個友誼後來還意外衍生出一個讓我刻骨銘心的場景；有一天同學邀我去他家一起辦生日派對，同學的媽媽看著我長得好，就問我：「黃同學，你媽媽是用什麼給你吃的？讓你長得比較胖！」原本是一句好意的話，卻讓我當場差點流下眼淚來，我都是吃他的兒子的便當啊！這一幕給我的震撼和酸處，從那時候開始埋藏在內心深處，但隨著童年的困頓生活，卻讓我每一次回想起來都生出我要奮發向上的力量，原來，同學之愛是老天爺特別賜給我的一份禮物，這輩子怎能忘記！

給我兩塊錢紅包的客人，也是貴人。「嬰仔，你是夠伊請的，還是兒子？」記得那一天是除夕前，我只有穿著薄薄的衣服，站在冷風中不停地打顫，客人看了心疼就包了兩塊錢的紅包給我，他可能沒有想到，這個小舉動溫暖了我當時的幼小心靈，握著爸爸的攤頭，我努力往前走，不再怕冷。

說起來，把店租一直翻倍漲的房東，應該算是我逆增上緣的貴人。三十歲時「久88海鮮」打響名氣，我義氣風發，在西寧北路海霸王隔壁頂店擴大經營，當時擴張太迅速雖然一度很艱困，但適時的讓顧問公司導入制度化，也都化險為夷，連敦南分店、西寧北路分店也有很不錯的營業額，房東要飛漲房租自然是可以預期，反倒帶給我的心態上打擊，讓我無法接受。後來我就逆向思考，從此發願——以後開餐廳一定要自己買店面，不然寧可不做；從那時開始，祥鶴樓（上海菜）、香江樓（廣東菜）、祥興樓水漾會館（上海菜）、海外新加坡店和澳洲店，只要我努力打拚，我就看得到往下扎實的希望。

加入慈濟，後半人生的轉捩點

最後，要說改變我最多、影響我後半生的最大貴人是——慈濟的師兄。當時我在台北的五間餐廳都經營得很成功，跟著到來的是名利，滾動出吃吃喝喝的生活。向來我就熱心公益、個性也海派，從餐飲工會到餐飲研究發展會、大飯店主廚會沒有一個缺席；後來還被推選當主任委員，常常動腦筋，不是把大飯店的主廚菁英串連起來辦百家名廚會，就是在正式的美食展之前，就開始熱身，活動辦得熱鬧滾滾，這些在當時都是創舉。才三十幾歲，我就在餐飲界呼風喚雨，走路有風，交際應酬自然是跟著來；每天九點我就準時到Club報到，接著北投續攤，笙歌酒氣一直到天亮……

可能是冥冥之中有緣吧，慈濟師兄就在這時候出現～他帶我去花蓮見　上人；很感謝，才走這一趟，我就有體會：人生真正重要的不是生命裡的歲月，而是歲月裡的生活。回到家我就跟太太講：「不要反對喔，從今天開始，我要把喝酒的錢拿出一百萬元來捐作善款，晚上九點以後我就不出門去二次會喝酒了。」

我說到做到。從此斷念，改變一瞬間！

說也奇怪，隔月餐廳的生意特別好，我捐出去的善款，自然就會有收入回流到位；想起三十幾年前時，我每天吃吃喝喝胖到八十六公斤，曾經為了愛面子，花二百多萬在圓山飯店和國父紀念館辦「金饗獎」請人吃飯，現在寧可拿來救濟。我也越來越清楚，熱心要用對地方，雖然有的時候還會因為熱心過頭鬧笑話：以為賣菜阿婆很可憐，只要有看到她就把菜全部買下，讓她早點收攤，後來才知道阿婆每天都會出現，批一些次等菜來賣。現在我也都很習慣要尊敬三寶，看到出家人在買菜，會跟賣菜的說「以後都算我的」；我也跟新加坡兒子交代，如果有出家人來吃飯，也都算我的。

有人說「貴人要靠自己創造」，我的想法是你的心念要正，好的磁場才會吸引貴人靠近，你也才有福氣發現貴人就在身邊，懂得好好珍惜和回饋。

心轉境轉，從身邊的改革做起

當時內人負責管理公司財務，看到我的轉變和每天開心地分享、付出，很支持；她常說我是　上人撿回來的，以我的個性，如果沒有走入慈濟，現在已經喝壞身體。

一念既起，萬緣隨生；真的沒有料到，二十幾年前的一個因緣際會，從此改變了我的人生。921地震之後我投入蓋大愛屋的行動，在澳洲墨爾本分會時也曾經去關懷發生車禍的學生，曾經一起到大陸義烏參加新芽獎學金頒發，到約旦敍利亞難民營做關懷……等等，隨著一次又一次的實際去做，我越來越有感覺投入和付出得越多，收穫最多的是自己，慢慢也體會到　上人說的「見苦知福，福中思苦」，要「教富濟貧」，所以我相信，每一個讓我想升起善念應對的人，都可能是接引我的人間菩薩。

有一句話說：心轉境轉，真的是如此！當我每天都用這種思維去面對身邊的人和事，就像是有千千萬萬個渡我的機會在我眼前，等我去領受。所謂善緣互生，每一個善緣接連的是下一個正向循環帶給我的喜悅，我自然很希望把這種發自內心的幸福感分享給身邊更多人，第一個對象就是給我飯吃的衣食父母——餐廳的食客們；做了四十幾年的葷食，既然「放下口中一塊肉，勝讀萬遍大悲咒」是無上因緣，何不從自己的事業開始做改革？所以我毅然決然收掉當時生意很好的五家葷食餐廳，只留中和一間「祥興樓水漾會館」，這在二十幾年前是很不容易的事情，我也開始堅持要在原本的葷食宴會菜單上，加上創意蔬食，很多同行都覺得這轉變太不可思議，後來還是有做葷食的老闆想投資我，但是我一點也不會心動。

收掉餐廳、改菜單是一大步，回到內部行政管理則更上一層樓，我接著把像清流一樣的慈濟理念引進公司，每個月辦榮團會，推動講好話、做好事等等慈濟心法。正因為要做出好榜樣，私底下我會更嚴格要求自己持續進修，透清早薰法香、吸收學習不間斷的養分，尤其是每個禮拜開車做資源回收，更是這十幾年來從沒放棄過的，我感到有能力為地球環保盡一份心力，很喜樂，越做是越開心。我希望「勤植萬蕊心蓮」不只是一句口號而已，相信也只有實際地去做，在過程中了知自己心裡的細微映照，才能真正體會生老病死、成住壞空的真諦；我想，我要留給子孫的，不也正是這些身教、感恩，對生命價值的尊重和愛！？

我的兒女看到我堅持做慈濟的熱誠，從小耳濡目染，八年前，新加坡小兒子和澳洲的二女兒也用行動支持，把原本經營得很成功的餐廳從葷食轉做蔬食，這過程對孩子非常不容易，讓我很欣慰；事實證明，孩子只要真心體會和認同，百分百努力付出，結合流行的蔬食風，餐廳生意反而一支獨秀，不但口碑好，客人給的直接回饋都點點滴滴影響著孩子，肯定正信、正念、正業、力行善道的可貴，這比我留再多資產給他們，都還來得更有價值和意義。

推廣蔬食，結好緣

也因為這個前提，2019年夏天我們才有出版這本書的念頭：想把我在台灣、兒子在新加坡、女兒在澳洲三地的蔬食料理，做一本家族跨域的呈現，力邀各方的同好善士，同耕一方蔬食福田，順利的話2020年春天就可以上市～

但就像很多人都有的體會，我們永遠無法預料無常會在什麼時候到來，2020年初我們就被一場COVID 19疫情上了一課，很多人的人生觀從此變得不同。既然「人身難得今已得」，在菩薩道上，我是不是也應該更加把握時間精進才好！？幾十年來我理事圓融，面臨這人生的交叉口，不正是一個應變和進退的智慧考驗！我希望七十歲以後的人生，可以給自己留下更有意義和價值的美好回憶，一旦這樣想，結束最後這間唯一的餐廳，與其說是這個階段的偶然，其實卻是必然的。

這個必然，我相信它是早在二十一年前我授證為慈濟慈委時，就已經鋪就好的一條路，這條路我也從 上人給我的法號「本嵴」那一天開始放進到心裡——守好本分，凡事以善念做出發；所以，表面上來看今年我是結束一個長達三十三年的餐飲事業，但其實，我覺得老天爺在給我往更高一層轉化的機會，我只是換一種不同的交通工具搭而已，我還是走在同一條路上，終點目標沒有變。回想過去，我是用餐飲業這個載體去實踐佛法，曾經每到星期一都會提供二百個素食便當，和附近的上班族及貧困家庭結緣，我也用在地企業回饋社區的角色，支持過一百多個學子獎助學金，與社區結善緣，有好幾個重要時刻我也沒有缺席——捐贈環保車、警察巡邏車、載送輔具車，同時承擔互愛和榮董的窗口。

現在，我有機會再一次練習「捨」，從中學習更精進，所以更加不敢懈怠；自從三月結束祥興樓的營業以來，我長久的罣礙終於放下，可以投入更長的時間學習佛法走菩薩道，除了持續開著環保車做回收，為守護地球貢獻棉薄心力，很歡喜，疫情期間，我也習法如常，上網雲端連線聞法、沒有間斷。這一路以來，我要特別感謝內人做我的後盾，尤其最近在參與疫苗基金的捐贈上，我以捐贈一萬劑作為響應，她給了我很大的支持，我們秉持的想法是 上人常常給我們的開示——在人心惶惶的末法時期，我們有能力讓更多人健康，更多家庭平安，付出無所求，盡一己之力讓疫情早日結束，現在不做更待何時～

人生七十，展望新的開始

人生七十才開始，現在的我電力飽滿，一則我把握當下的每個機緣，心情更平靜，更法喜了，但也不做強求的事，法天地，法因緣，隨順自然萬事全……；這本小書我們做得很用心，最後可以在2021年尾來上市，也是因為有這個想法，一切水到渠成。我們除了重新企劃，把它做出坊間蔬食書很少見的嶄新風格，其中，在我這篇自序後面的「特別企劃」是早先的時間點就寫好的，我跟主編說那就保留下來，這就像走過的必留下痕跡，人生的每一個過程，不要有遺憾，都是值得回憶的——尤其是當我們回頭看一開始的起心動念，到現在一直是沒有改變初衷的，這種如實的誠懇，很重要。我衷心地希望有機會看到這本書的每一個朋友，未來有機會一起來持續推動蔬食，尤其如果有年輕人想經營餐廳，能先考慮開素食餐廳，和眾生結一份善緣，心也會比較清淨。

「一月普現千江水，千江水月一月攝。」佛陀用慈悲的眼看待眾生，祂的智慧是我一輩子都學習不盡的，我期許自己努力精進，這本書就當作是我今年退休、邁向七十人生，「勤修心田結好緣」的一個好的開始。

黃獻祥

初稿寫於2019年12月8日

定稿於2021年9月16日

從經營事業，到經營自己

曾經有人問我，做了一輩子餐廳生意，累不累？「心中有客人，有信念、有盼望，肯定做這行的價值，當你開始把它當志業，認為是在做一件有意義的事情時，即使辛苦也不覺得累，這很重要。」

推廣蔬食，曾在戰區拓展新的概念店

從少年時做日本料理起家（和漢料理），後來跨到海鮮（久88海鮮）、嘗試粵菜（香江樓），想當年全盛期在台北同時開五家，生意搶搶滾，如果我以追求財富為目的，現在可能還在經營好幾家葷食。做任何事業，我想，「理念」很重要；在2020年COVID 19還沒影響前，我除了在中和「祥興樓水漾會館」加入素食宴會菜單，也引導新加坡兒子（Joie喜悅蔬食花園餐廳）、澳洲女兒（V Series蔬食坊）一起來同心推廣，這除了有我個人的因緣，最大原因來自我喜歡學習、創新、歡喜服務他人的個性。2020年初，我甚至布局進駐台北信義區戰區，推出「蔬寶の廚房」台灣第一家創新概念蔬食，這是當時把事業再往外畫同心圓的具體行動，採客人自己選蔬菜，秤重計價後交給廚師川燙、搭配十幾種湯頭的簡便流程，希望吸引更多年輕人來享受新式蔬食，不但吃出健康，也吃得很時尚。

拓展新的經營型態，是讓團隊可以不斷成長，從新的任務裡找突破、看見不同可能性一個很好的過程。以前我就常跟團隊講，以當時的景氣、物價和人才資源，餐廳其實並不好經營，所以我們今天做的菜和明天要不一樣，潮流和現代化走到哪了，腦袋也要與時俱進，當時的翁總監最清楚我的堅持。翁總監是我全力授權、跟了我十九年的資深夥伴，他過去有長達六年的時間，受到「冰冰好料理」電視美食節目的邀請擔任主廚來賓，翁總監即使已經廚藝一流了，他還是很樂於改變和創新。我們的本質都是樸實、務實、腳踏實地的，所以不管是投資學習、提升或接受善知識，步伐都能一致求新求變；高階主管願意同感、跟我一起盡份心力提升飲食文化，這很可貴，也是企業永續經營最重要的助力。

管理最重要的，是以身作則給員工看

說起來，我算是道道地地生意子出生的，從小我就有自覺，做餐廳的開門生意，「人才」是公司最大的資產，所以帶人一定要帶心，員工一點一滴都在看你的生活態度，看你如何處理人情世故。十六、七歲時我也就很有意識，想賺錢，手藝一定不能輸人，要肯做，但也不是工時長就好，還得用方法；我會站在客人角度想，去了解：「奇怪，你為什麼不吃？」如果客人說：「這不好吃！」我會再換一盤給他，客人覺得比較貴，我就打個折。我這個人是這樣，願意回饋給客人，即使我不在也會交代店員這麼做，不會為了做生意而讓別人吃虧。

回想二十出頭歲時，我很有志氣想獨立、做財務切割，一口氣扛下爸爸的債務，處理方式就是把全部的廠商叫來，當面承諾每天還一點，說到做到；經營「久88海鮮」的前三年，一度周轉不靈，再怎麼苦我也不欠廠商貨款；業務員捲款走人、生意差，我就找顧問進來理金流、制度化，遇到瓶頸趕快找方法；我也曾在週年慶時把老食客找回來，特製「久88」金幣頒獎給VIP貴賓做紀念，再請貴賓頒獎給員工，員工和客人感覺就像一家人很親切；還有高比例的分紅制度、招待員工國外旅遊……等等，相信我的這些做法在當時的餐飲界，是很少見的。

吃苦中鍛鍊出智慧，付出才有福報

話說明明後院已經著火了（跑三點半），在四十幾年前的那種時空，每個月還敢花五萬元請顧問，的確需要大破大立的膽識；人生就是這樣，你沒有前進，永遠不知道還有路可以走，想好了最壞的打算，勇往直前才有機會。而花錢學知識，自然是每一堂課都很珍貴，我知道要不斷演練它，才會百鍊鋼成繞指柔，寫出一本屬於自己無往不利的顧問經：（1）做生意要懂得行銷；（2）會行銷後，要懂得包裝；（3）包裝要懂得推廣，把創新求變、服務好的訊息傳達給客人。

後來事業做起來了，我常會想起這段起死回生的過程，感謝以前吃過的苦，給我智慧判斷，也感謝冥冥之中有福報，提醒我要珍惜，人在好的時候更要謹言慎行，要願意「給」，不計較是否拿得回來。幾十年下來，我秉持這個想法帶領集團員工，「用德不用才，只要有善根，其他都可以培養訓練」，我的用人原則也讓集團一團和氣，大家跟我很同心，認同我的作為，員工一待就是二、三十年。

人生換場，全心全意走上「志業」這條路

這二十幾年來，我的人生因為加入慈濟有了大轉彎，我不但把慈濟理念融入管理，也開始懂得充分授權給專業經理人，從第一線退居顧問，也才有機會轉心念為志業，做事業的眼光和視野都再往上一層，內心真的很感謝。

尤其在人生突然遇到無常的事情發生時，平常讀過的經，還有上人的許多智慧之語，就像長了腳一樣自動跳到我的心口，提點我該如何做出最明智的選擇。還記得決定要退休的時候，就是有句話盤繞在腦海，久久不去，讓我莞爾；上人是這樣說的：人的事業、志業要平衡，光是一直做事業，有「億」就有「兆」（「走」的台語諧音），賺到「兆」（走）的時候，人生就跑掉了（歪斜的意思）！

現在回想起來，也或許是冥冥之中的巧妙安排，老天爺希望我在這個階段，把向外經營事業的心，收回給自己和家庭，從經營自己的心開始「換場」，全心全意地走人生志業這條路；「謙卑彎腰造淨土，有心付出不言苦」，這本書的出版，剛好是我的一個新起點，珍惜這個機緣和福報，我很感恩！

●20多年前帶台灣廚師去新加坡參加美食比賽。

●早年辦活動，與各大飯店主廚合影。

●彥焜2003年6月在新加坡開的第一家創始店，
我與內人宛瑾、二女兒玉欣一同前往慶祝。

●1996年擔任中華美食展的評審。

●1999年和餐飲業同業參加曾松齡企管顧問
公司舉辦的韓日企管研修營。

●新加坡吳作棟前總理蒞臨小兒子在新加坡經營的Joie用餐，我和太太一起合影。

●新加坡李顯龍總理伉儷蒞臨小兒子的新加坡餐廳Joie用餐，兒子與其合影。

●二女兒開在澳洲墨爾本的Tao's餐廳。

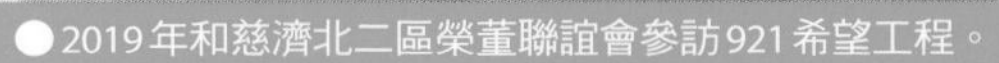

●2019年和慈濟北二區榮董聯誼會參訪921希望工程。

●2019年參加大台北會慈濟榮董聯誼會。

序　二

三代的傳承，永不磨滅的愛

身為長女，從小就經常聽長輩分享以前的日子是多麼艱難；爸爸幾十年來仍堅持努力認真，雖然現在已經是小康家庭生活，還是耳提面命兒孫們要學習責任感與使命感，刻苦耐勞，不可浪費。

爸爸一直以來熱心助人，也很有公關能力，經營餐廳後他希望回饋社會，曾因此成立餐飲研究發展協會，結合各大飯店及餐廳主廚每月做菜、互相觀摩，讓餐廳老闆及飯店廚師們有相聚交流的機會，互相共同成長；有這樣的老爸，我深深的感到驕傲與光榮。

也因為這個機緣，我從小接觸美食，就愛上美食、愛上烹飪，一度放棄已經錄取、離家近的知名大學，遠到阿德雷德的瑞士旅館管理學校就讀，同時選修藍帶國際學院（Le Cordon Bleu）證書。雖然後來並沒有繼續堅持開餐廳，但我對美食的熱愛永不停歇。生了小孩後，與孩子們一起做蛋糕、煮美食是日常的休閒生活。

以前對美食的講究只是色、香、味；當到了一個年紀後，就開始計較，計較添加品多寡、計較營養的完整性。除了色香味，更想要的是乾淨，吃到肚子裡的東西，對身體會產生什麼作用？

當心情不美麗時，我就會在料理加入顏色鮮美的紅椒，紅椒充滿維生素A、C，抗氧化能力強，能讓我養顏美容、提高免疫力，心情變美麗。小時候嚴重偏食的我，也因為越來越懂得愛自己，所以開始愛上會讓我變漂亮的蔬果。

傳統家庭中，出門在外的遊子要回家吃飯，媽媽就會一早上菜市場，買一堆大魚大肉，恨不得幫小孩把這一整年的營養就在這一餐補齊；這是以前父母對小孩無聲的愛。

反觀，現代人每天想要吃什麼料理，動動手指，熊貓或吳柏毅就可以幫我們送到家，不用花時間上菜市場及料理。其實，在現代忙碌的社會，與相愛的人一起邊聊天邊動手料理，反而是一種珍貴的浪漫幸福；如果能把簡單、健康的蔬果做出米其林餐廳的精緻感，這一餐就更記憶深刻了。

幸福其實很簡單，對邁入五十歲的我來說，幸福就是身體健康、心安自在，所以我們家，除了特別需要到外面慶祝外，三餐都是在家料理。

最後，還是要回到這本食譜的起源。爸爸說，所謂的成功，是真正能靜下心做對的事，在社會上不管曾經的人生多麼輝煌，到一個階段，能回饋社會、擁有精神上的富足，遠比物質上的堆砌更有成就；人生的最後，唯一能帶走的，是我們永不磨滅的精神與靈魂。

所以，就有了這本書的出現——三代的傳承，永不磨滅的愛～

黃齡節

序　三

蔬食也可以很浪漫

三十多年前台北西寧北路上，爸爸在海霸王餐廳旁頂下一間店，是他的事業成長飛躍期。童年印象裡，家住樓上，下樓就是餐廳，我每天跑來跑去，生意好時師傅汗流浹背、端菜阿姨沒歇著，爸媽裡外奔忙；稍微有個景氣寒冬，又要擔心管銷經營。看他們如此辛苦，小時候的志向是「長大一定不要做餐飲」。

1987年，爸爸的餐飲經營已經做得很出色，我有機會和姊姊們分別移民新加坡和澳洲；大學畢業後自然便以金融本科就業，進入銀行工作。也許是血液裡留著爸爸創業的基因，爸媽勤奮吃苦的身影無形中潛移默化，內化為動能，在穩定工作一年後我萌生創業念頭。一直以來，爸媽給的觀念是：父母給你一張文憑就是最好的栽培，大學畢業後「一切靠自己」；因此，創業這條路當然不再倚靠父親，那麼，沒有半點資金，做小吃最容易！

謝謝爸媽對我們孩子的教養一直是嚴而慈愛，關心、擔心卻不阻礙，給予引導和陪伴。爸爸雖然為我的偷偷辭職傷透腦筋，同時也坐了下來和我促膝長談，「好，既然要做就要學！」他以智慧遠見為我設下第一道考驗，心裡想的是讓我知難而退。於是我在二十二歲時回到台灣，每天四、五點就起床、走路半小時去打工，超過十二小時工時，期間爸爸還設了很多障礙；說實在的相當辛苦，但創業雄心卻反而越磨越熾熱，半年後通過考驗，也得到打工處老闆（爸爸友人）的頻頻肯定。

出借裝潢費——爸爸以智慧出題

過關了就想開店，但做什麼好!?一開始我樂觀地想：「在新加坡很懷念台灣的早餐店，如能做出連鎖，是個不錯的模式。」看在經營有術的爸爸眼裡，雖不贊同卻也擋不住我這隻初生之犢，讓我放手一搏；而這一評估便花去一年時間找店面，終究以租金太貴的現實放棄，但也因此，爸媽才漸漸釋懷兒子是認真的，達成共識：「既要創業，不如經營小餐廳。」

師父領進門，我很幸運在創業初期，不但有一位經營餐飲管理的資深顧問可以隨時諮詢，最重要是傳承自爸媽的刻苦耐勞、實事求是精神，戰戰兢兢之餘，我也很努力！爸爸第一桶金的挹注則是他再一次展現智慧給出的考題：這筆是暫時出借的裝潢費，要分期付款歸還。我，自然是得自負盈虧……

回首這十八年來，我可以一次次過關斬將，還完第一間的裝潢費，再借同一筆開第二間，再還、再開，來到第四間還完，這桶金是支持、是催促，更是承擔；當一個創業者面臨毫無資金時所做的決定，跟有一筆資金的心態是完全不同的，你只有拚命往前衝，不給自己失敗的機會。爸媽到現在還是每天強調，他們的資產是要捐給社會的，他們給我們已經超出太多了；從小我在這樣的觀念中成長，獲益真的很多，讓我一開始創業，想法就很不一樣。

第一間「陶」是20～30元坡幣（約台幣400～600元）的低價西式套餐、第二間是火鍋店「聚聚」，慢慢走到中上價位的西餐「DOZO」，來到現在以Semi fine dining的「Joie」蔬食高檔料理得到新加坡觀光局網頁推薦，它們各寫著十三年、九年、七年、七年的創業故事。這其中，有同時三家交疊經營的甘苦，也有起死回生、讓同行不可置信的轉折，真的幾天幾夜也說不完……但我很願意在這本書盡力分享，尤其是媽媽在我第一間餐廳開到第二個月付不出薪水時給出的震撼教育；我是如何在鳥不生蛋的商城中突破、創造排隊人潮；客人為何死忠跟隨，從葷食吃到如今的蔬食？這些經營心法，都在特別企劃裡做了分享。

一切從客人的需求做考量

回首一路走來，除了感謝爸媽亦師亦友地鼓勵和鞭策，相信也有基因遺傳賦予我敏銳的味蕾，這天生的利器使我的努力不懈得到正向回饋，將邁入第七年的Joie推向很有可能是台灣、新加坡、澳洲蔬食料理中，唯一以Semi fine dining等級持續經營著的。

這樣的能量一直是來自我的長期信念：「一切從客人的需求做考量。」

從前面三家葷食的成功經驗，轉為第四家研究蔬食，有著爸爸的期待、也有我們父子一起推廣蔬食的共識，因此我想的不單純只是做生意，更要提倡一種飲食生活的態度——如何看待食材、享受天然食材，用品嚐蔬食來增添生活「滋味」，讓吃這件事可以更多元；也就是，一心要讓客人先接受「好吃」的蔬菜料理，客人只須純粹抱著「今天來吃好吃的東西」這種想法，我們不談健康（少油、少鹽）、宗教、環保、vegan，還是保留有蔥蒜蛋奶，五辛的感覺。

更直接來說，我希望客群是吃肉的，不開一間只為了給吃素客人吃的餐廳，那樣達不到推廣的效果；客人的觀念是今天吃牛肉、明天吃義大利餐、後天吃蔬食，換換不同料理方式而已。

以 Semi fine dining 定位，讓客人吃出價值

另外，有了對「好吃」這必要前提的信心，我還希望它是精緻、高檔而不貴，大眾吃得起！既然走遍新加坡、台灣、澳洲都品嚐不到真正西式高檔蔬食料理，那麼如何向全世界三百元坡幣（約台幣六千元）起跳的米其林餐廳取經，用八十元坡幣（約台幣一千七百元）的價位分享顧客，是我想挑戰的；我知道，就商業角度，要賣一套上千台幣的無肉料理，很難！這可從這七年來一直無法找到先例餐廳來推論，但我有信心，以我們團隊年輕而且創意力十足，是值得期待的，包括：從全世界找最好的食材（以歐、日為主）；嚐遍上百家餐廳；在呈現食材真實樣子時，意外的讓蒟蒻變成鮪魚沙西米、清淡海帶湯卻帶有蛤蠣味、生蠔菜比生蠔還生蠔……等，創意盡出。

努力的盡頭，總是還有更多的努力等著去嘗試，我還進一步想：那麼，如何讓豆腐或猴頭菇套餐可以賣到八十元坡幣？「好吃」＋「創意料理」之上，可以凸顯特別之處的又是什麼？「分子料理」於是出線！用科學方法（特殊新型材料、器具和科學化劑量）改變食材的分子結構，去重組、做一個新的東西出來（做出效果），這是在台灣的蔬食界尚未出現的；它很新、前衛，成本和技術含量都高（需專門廚師），我用它來呈現加值、做出精華。同時，它也只是工具，我並不希望為了做而做，還是先想味道再來想如何呈現，一切以「怎樣的料理方式，對客人來說是最好吃的」作為前提；這本書新加坡篇裡收錄的二十二道料理，便是這七年來不斷嘗試創新的終極呈現。

如果說，「好吃」是味蕾的極致享受，而我同時也相信，要讓客人不斷回流，創造感動的體驗也是不能少的。我們都知道真正去米其林星級餐廳，客人必須配合許多技術上的要求，fine dining的規格或許要求的是餃子皮現做（品質至上），但煮好這道菜卻會讓客人等上一小時，不一定是舒服的體驗；而我的期待是，顧客感受得到服務人員跟你開玩笑、上菜時介紹得很活潑這種溫馨感動的體驗。再拿高等松露做料理為例，客人相對也要付出高價位，但感覺或許只差別5～10%，是否能達到顧客期待的最大CP值，是值得思考的。

因此，我運用fine dining 在食材上的精選度，給客人吃到的是感受得到我們對食材的用心，而非高貴度（貴而不貴）；也就是別人用三百元坡幣做出的菜，我們用八十元成本體現，使它更好、被更多人接受的一種價值。

不只是一本食譜書

可以說，這本書我想分享的不單是料理，還有經營餐飲的一些小細節，和我從爸媽身教中學得的家傳經營之道，希望對有心從事餐飲創業的年輕人，能有些許的幫助。

當然，以一本食譜書來說，這二十二道經過市場考驗的

料理，「好吃」是毋庸置疑的；但我希望讀者不單只是照表抄課，而是可以從特意加入的描述去細心體會——怎麼設計和擺盤、滋味如何，再回推最原點的創意：這是用什麼觀點來想一道菜的？相信以這個態度來實驗如何做出究極好吃的蔬食料理時，你會開始在意：

- 食材怎麼來的才甘甜呢？進一步發現，其實造物者已經給了我們很多的食物的特色，只是你有沒有辦法把特色抓出來而已。
- 每一個人也都有權利和本事把食材吃出最原始的味道！所以你會關心如何保鮮和烹煮才不至於失去原味。
- 美好饗宴不容或缺視覺美感，擺盤也得花心思。
- 是否可以滿足來自內心對於「天然的有滋有味，是那麼美好」的期待……

可以說，在整個的料理過程中，每一次都體現著自己的真實誠意，你用無數小創意認真玩出的那些變化，和每一個用心的小細節，都會在你入口咀嚼的剎那，給你最真實的滋味回饋；也唯有把自己放在充盈的五感體驗中，才可以感受得到料理真滋味之一二。這就像是一場儀式感十足的美食探索旅程，也當你開始動手料理它、享用它時，才真能體會到一點也不會枯燥無味；蔬食，舒食，其實也可以很浪漫的！

「Joie 喜悅蔬食花園餐廳」總經理
黃彥焜

目錄 Contents

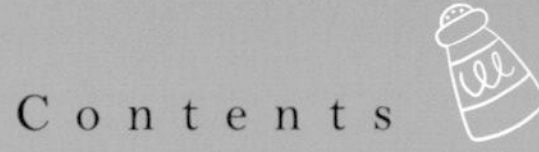

【推薦序一】不斷創造自己價值的人生 003
【推薦序二】修德力行，值得學習的好榜樣 004
【序　一】勤修心田結好緣 005
【特別企劃】從經營事業，到經營自己 010
【序　二】三代的傳承，永不磨滅的愛 014
【序　三】蔬食也可以很浪漫 016

新加坡篇
亞、澳創新Semi fine dining，蔬食料理新境界 022

【特別企劃】 024
【傳承學堂】接受傳承再融會貫通，創新管理風格 048

028 蔬果拼盤 Tartare Platter au Naturel
030 馬鈴薯和花椰菜濃湯＆羅勒碎片和鹽烤芹菜根
Potato with Couliflower Bisque serve with English Basil Leaf Chip and Salt Bake Celery Root
032 覆盆子球配蒟蒻三文魚和海苔西米餅乾 Raspberry Sphere, Salmon Konjac, Seaweed Cracker
034 馬斯卡彭奶酪＆琉璃蔬菜脆片＆醃漬西瓜 Mascarpone Cheese, Vegetable Chips, Watermelon Tataki
036 火龍果搭配日式和風醬＆蔬菜沙拉和蘆筍拌松露油
Dragon Fruit with Japanese Dressing, Vegetable Salad and Asparagus Perfumed with Truffle
038 根莖類蔬菜配松露馬鈴薯泥 Baby Root Vegetable serve with Truffle Mash Potato
040 創意蔬食生魚片 Vegetable Sashimi Coconut, Vegatable Salmon , Sashimi Aloe Vera
042 櫛瓜與奶油芝士＆松露蛋黃醬＆酥皮 Zucchini Stuffed with Crème Cheese, Truffle Mayo, Medallion of Puff Pastry
044 芝士焗香菇 Gratinated Champignon with Mozzarella
046 昆布湯 Kunbu Soup
047 蔬菜天婦羅 Vegetable Tempura

050 猴頭菇 Monkey Head Mushroom
052 百靈菇 Bailling Mushroom
054 雞蛋豆腐配炒蔬菜和豌豆醬 Egg Tofu serve with Sautéed Vegetable and Green Pea Sauce
056 南瓜義式餃子和菠菜義式餃子配腰果醬 Pumkin Ravioli and Spinach Ravioli serve with Cashew Nut sauce
058 菠菜千層麵和剁烤綠花椰，與烤球芽甘藍和腰果粉
Spinach Lasagna topping with Chop Roasted Broccoli serve with Roasted Brussels Sprouts and Cashew Nut Powder
060 炒野米飯與茄子塔 Fried Wild Rice with Eggplant Tower
062 紅酒燉梨 Red Wine Pear
064 巧克力熔岩蛋糕 Chocolate Lava
065 優格布丁 Yogurt Pudding
066 全素椰奶和藍莓偽蛋糕，與杏仁和胡桃底 Blueberry and Coconut False Cake with Dehydrated Almond Crust
068 液體巧克力 Gastronomic Chocolate

澳洲篇
蔬食——舒食的美味Party 070

072 早安能量餐 Power bowl
074 馬鈴薯餅班尼迪克蛋 Hash Benedict
076 香椿餅 crispy cedar crepe
078 越南春捲 Vietnamese rice paper rolls
080 羅漢鉢 Nutrition bowl
082 三杯杏鮑菇 SBJ
084 櫛瓜玉米煎餅 Zucchini Corn Fritters
086 蔬菜大阪燒 Okonomiyaki
088 墨西哥餡餅 Quesadilla
090 榛果青醬義大利麵 pesto and hazlnut spaghetti

新加坡篇

S i n g a p o r e

亞、澳創新Semi fine dining

蔬食料理新境界

造物者已經給了我們很多的食物的特色，只是你有沒有辦法把它表現出來而已。我們以提供最好的品質為前提，在全世界找最好的材料；而往往是一個晚上可以有十多個國家客人同時來用餐，所以設計菜單時也須顧慮到多種族、客群，考量幾乎是全世界性的，不只是要做出一道覺得很好吃的料理，還得想出差異化，將特性做出來。

什麼是semi fine dining？按字義，是指「半」fine dining（精緻餐飲）之意；也是我在本書序三裡提到，目前所經營的餐廳定位（Joie日法蔬食料理）。

而精緻餐飲又包括哪些？一般總還是指食材高檔、氛圍服務都很棒、料理依循完整的一套嚴謹方法，和價位並不低。對我來說，我則希望它是——以「推廣蔬食」前提，用80元坡幣（約1700元台幣）的消費吸引一般人走進來，同樣享受得到精緻料理、氣氛好，不必拘謹、反倒輕鬆歡樂的用餐體驗，因此定位「semi」（一半）。

讓客人驚訝連連的「創意料理」

為了這個方向，7 年來我們無以計次嘗試創新，全都體現在本書的22道料理中。首先，我給「創意料理」下了不同的定義。一般都以為要把食材變得多麼不一樣，才叫創意，但我認為不一定如此；相信蔬菜有很多天然的味道，只要在它們原本真實的樣子裡找出特色，透過不同的料理方式（花點心思做變化），部分搭配「分子料理」，就能給客人帶來意外的驚喜。

例如原本我們只想做一道清淡的海帶湯，意外的，卻跑出富有蛤蠣的海鮮味，很多客人嘖嘖稱奇，常追著問：「你確定這是沒有肉的齁？」原來，蔬菜也可以做得很海鮮，而且沒有不新鮮、喝到沙的疑慮，湯頭甚至比蛤蠣還甜。另外，吃生蠔會有高膽固醇和衛生問題的疑慮，我們用生蠔葉取代，嚼起來也很生蠔。有時候，創意甚至可以更跳躍，我用蘑菇取代有腥味的田螺去焗烤，口感特別脆甜；蒟蒻或小西瓜變身鮪魚沙西米；從〈美女與野獸〉電影得到靈感，做了一道火龍果沙拉。還有一次在網路上看到米其林廚師的龍蝦＋鮪魚＋餅乾，搭配魚子醬，回來後就自己嘗試、不停地研究，光在龍蝦＋餅乾上就花很大心血想做出突出的蔬菜餅乾；最後決定用梨子取代龍蝦，也是挖盡心思「要怎樣把這味道抓出來，進而呈現出它自己獨特的味道」而有的搭配，這一搭，梨子的甜味勝過龍蝦，而且格外清爽，就連魚子醬也成功變素了……

這些都不是刻意用加工方式做得像肉一樣的（當然也不希望客人如此期待），而為了這別的餐廳做不到、用天然條件「沒有肉也可以做得這麼像」的要求，可以說，是團隊嚐過上百家餐廳不斷提煉才有的能量。

好吃＋差異化＋有趣的用餐體驗

回想7年前剛轉型蔬食料理時，以為憑著前三家葷食的成功經驗，並不難！沒想到一開始便卡關在「好吃」這件事；我們如何在沒有先例可以參考的情況下，端出一個set、7道不同精緻度的組合？歷經一年摸索生意還是未見起色後，痛定思痛，我帶著主廚回到台灣嚐遍素食餐廳，想像怎麼把吃到的每一道變得高級、有特色，沒有達到想要的「驚艷度」就再換一家嘗試。

也去找歐洲最好的米其林餐廳（多半不提供純蔬食），退而求其次點他們做給素食者吃的料理，但通常那種情況下做出來的並不太好，因此便衍生出點葷食，再去想像「去肉」後該如何變化。有的時候從味道開始發想、有的時候憑空想像，什麼方法都試。所以，當客人跟我說，現在才發現蔬菜裡有這麼多不同層次的味道和變化是可以取代一些肉的，他們漸漸喜歡上蔬食，請賓客時甚至刻意不講是來吃素的……我心裡便感到相當的欣慰。

當然，我想，做到「差異化」，應該也是客人一路從葷食跟隨吃到蔬食的原因之一。新加坡是個多種族大熔爐的社會，一個晚上可以有十多個國家的客人同時來用餐，如何滿足如此複雜的顧客群是很大的挑戰，光在蔥蒜蛋奶上我們就琢磨好久；華人不吃蔥蒜是因為五辛刺激，有人不吃蛋奶是戒殺生（但有些佛教徒也吃）、洋人主張vegan不吃蛋奶、有些人為健康而不吃麩質、印度人不吃蛋但奶可以。再有，餃子皮洋人喜歡有咬勁的，華人就覺得不熟；義大利燉飯煮七分熟（有口感），華人吃肯定是不行，但洋人覺得這才傳統……如何突破、在平衡中找特色？最後決定以軟的口感上菜，再透過服務跟客人說明，洋人便能用不同角度體驗，因此發現Risotto煮熟也蠻好吃的啊！

再來是用餐的體驗，相信是別人所沒有的；創造體驗和感動，是服務業很重要的體驗經濟。我希望客人除了感受視覺擺盤很創新、有美感之外，放到嘴裡，他會說：「哇～你怎麼做得出這樣的味道！」當它跟你想像的不一樣時，吃完整套後就會有一個很獨特的體驗。所以我們會在端上每道菜時，一一跟客人解說怎麼吃、如何料理，有時穿插幽默在裡面，像是：「石頭不能吃喔！」直到客人開始會主動討論：「ㄟ，這是用什麼東西去做的？」很好奇地問「是如何不用肉做出這麼好吃的料理」時，我想，這是更往上一層的體驗了——原來用餐可以這麼有趣。

隨時按下創意鍵

7年來，Joie以Semi fine dining的定位走出一個嶄新的風格。當初選點在熱鬧商城頂樓，主要因為喜歡它有戶外開敞的庭園造景、交通便利而且鬧中取靜；雖然烏節路人潮川流，但會特地上頂樓用餐，除了受口碑吸引的觀光客，還是以老主顧居多，包括不少政要和商務人士、各國大使、名流等。每每餐廳人聲鼎沸，大小聚餐、慶生、婚宴……，客人吃得滿足開心的模樣總是提醒我不能稍有懈怠，大腦裡早已經內鍵的那顆「創意之鍵」，隨時等著我按下——下一道菜，還可以怎麼不一樣！？

什麼是「分子料理」？

這是一種像變魔術般的神奇料理方式，能讓球狀覆盆子醬有爆漿口感，眼前看似一堆泡沫，結果竟然是松露，入口即化的蛋糕原來只是液態巧克力⋯⋯。原文Molecular gastronomy是指「分子食物」，又稱未來食物、人造美食。也就是運用科學技術，在製作方式、外觀、形態、口感等方面進行料理革命，例如以可食用的化學物質改變食材分子結構，再重新組合，也觀察烹調時間、溫度變化、各種不同屬性物質的混合，改變食物原有的面貌，創造色、香、味的無限可能；因此，被認為是21世紀最有顛覆性的創意美食嘗試。

Side Dish | 一人份

蔬果拼盤

Tartare Platter au Naturel

很受歡迎，尤其是媽媽們最愛吃。當初只想做塔塔拼盤，研究了很久，該組合些什麼食材口感最特別，最後嘗試一百多種才定案。一般餐廳都是拼在一起後上菜，但我們希望客人看得到原始食材，隨自己喜好斟酌、動手搭配。少了點口感？加一點爆米花進去吧；沒有甜味？玉米放多些；有時候是多了什麼味，那就拿掉，可以不斷的嘗試。

碟子外還有日本海珊瑚，這不單為了擺盤和層次，全部加一起別有嚼勁。鹽巴、檸檬則都是提味用，邊吃邊增減就像扮家家酒，大人小孩都想試試自己的味蕾開放度，吃得開心又健康。

材料

烤松子1茶匙
日本海藻1茶匙（浸泡在水中並取出）
鱷梨（切骰子型）1茶匙
玉米仁1茶匙
番茄莎莎醬1茶匙
石榴籽1茶匙
爆米花1茶匙
覆盆子脆1茶匙
小酸柑1個、胡椒
細香蔥Falwasser薄脆餅乾1片

作法

將所有材料放在一起攪拌均勻即可（可以讓客人自己放）。

Side Dish

Soup｜一人份

馬鈴薯和花椰菜濃湯＆羅勒碎片和鹽烤芹菜根

Potato with Couliflower Bisque serve with English Basil Leaf Chip and Salt Bake Celery Root

這是一道不放蛋、奶、蔥、蒜的濃湯，但希望仍有濃湯的效果，所以把馬鈴薯和花椰菜攪得很綿細。想像著客人喝湯時還會有脆脆口感，便花了很多時間研究那應該是什麼樣的口感；另外我還跟廚師說，希望它呈現在湯上的效果，是浮在上面的。英式羅勒葉於是贏得了青睞，再用分子料理器具烘乾的做法，就成了脆脆的餅乾，上面再加點味道和裝飾點綴（甜菜和烤過的芹菜根），滿足了視覺和味蕾。

湯料

材料

Ⓐ 橄欖油6湯匙
花椰菜1個
美國馬鈴薯1公斤
芹菜根半個

Ⓑ 鷹嘴豆1罐
調味料
（蔬菜湯、鹽、蘑菇調味料、糖、黑胡椒和白胡椒粉）
水

作法

將材料Ⓐ放入烤箱，在220°C的溫度下烤至金黃色。拿起鍋子將水燒開，再將Ⓐ、Ⓑ的所有材料和開水一起放進攪拌機，攪拌均勻。然後將其與英式羅勒葉片一起食用。

英式羅勒葉碎片

材料

Ⓐ 毛豆260克
英式羅勒葉40克
水200克

Ⓑ 水60克
玉米粉30克
調味料
（糖和蘑菇調味料）

作法

將所有材料放入攪拌機中，充分攪拌後，取出進行過濾、篩除細渣，再放入分子料理的器具「食品烘乾機」一天。在300°C的溫度下炸至褐色，然後與湯一起食用。

鹽烤芹菜根

材料

鹽
芹菜根（修剪去頂部和底部）

作法

用鹽撒上芹菜根表面，並在220°C和90分鐘的時間內烘烤。將其去皮並切成小方塊後，加入湯一起享用。

Side Dish｜一人份

覆盆子球配蒟蒻三文魚和海苔西米餅乾

Raspberry Sphere, Salmon Konjac, Seaweed Cracker

這道料理講究吃的順序，中間－左－右。中間的橙色是紅蘿蔔以分子料理（植物粉與蒟蒻）加以分化及融合，吃進滿口營養之餘，蒟蒻的軟Ｑ口感挑動第一口味蕾，清爽生津；接著吃左側西米做的紫菜餅，別看這只是薄薄一片，它可是很「厚工」，須先將西米煮成米漿，烘乾，然後用高溫炸至酥脆，巧搭芥末醬，在嘴裡融合為日式特有風味。

最後重頭戲是右邊這顆味道濃郁、酸甜爆漿的覆盆子，一定要整粒含進嘴裡，否則管不住爆漿威力喔～為了這效果，團隊特別研究將覆盆子汁放進分子料理粉中，再以科學方法分化後下水而形成有層外膜的效果。底層的餅乾更不容小覷，將開心果磨碎後烘乾、再磨製餅，繁複程序裡還保留有果香，在驚艷覆盆子後隨即將它入口，意外的能使酸味有所沈澱，中和而出特有的喉韻，感官刺激十足～

覆盆子球體

材料

Ⓐ 覆盆子醬2公斤
糖粉100克
葡糖內酯45克

Ⓑ 水2000克
海藻酸鈉20克

Ⓒ 水2000克

作法

1. 將所有材料Ⓐ充分混合，然後放入真空機中以取出氣泡。並將果泥放入Sphere托盤中並冷凍過夜。
2. 將材料Ⓑ充分混合，將冷凍的球放在材料Ⓑ中8分鐘，然後就可以拿出來備用了。

蒟蒻三文魚

材料

Ⓐ 蒟蒻三文魚1片（250克）

Ⓑ 水2000克
醬油300克
糖150克
八角5克
蜂蜜80克
薑15克（細剁）

作法

1. 將所有材料Ⓑ放入鍋中煮至沸騰。之後，將其過濾並冷卻溫度。
2. 取30克Ⓑ材料的液體和一個蒟蒻鮭魚片放在真空袋中醃製過夜。之後，取出三文魚並切片，然後將其滾動。

海苔西米餅乾

材料

西米1公斤（在水中浸泡1小時）
水2公斤
鹽5克
海苔3片

作法

1. 首先，將水煮沸，然後，放入西米並將西米從白色煮至透明。
2. 洗淨西米並過濾。放入西米在大碗中，加入鹽，海苔並將其充分混合。
3. 將其放入食品烘乾機中一天。最後，將其放入熱鍋中油炸。

Side Dish｜一人份

馬斯卡彭奶酪 & 琉璃蔬菜脆片 & 醃漬西瓜

Mascarpone Cheese, Vegetable Chips, Watermelon Tataki

這道菜是盡量把蔬菜最特色之處，透過分子料理方式呈現給客人，比如用小西瓜呈現鮪魚的感覺，用素食材做魚子醬。

起初是從網路上看見米其林廚師用「龍蝦＋鮪魚＋餅乾，搭配真正的魚子醬」做出豐富的層次和視覺，我很喜歡這概念；但會有這樣的創意組合，一定有它想呈現的獨特味道，難度就在我們要如何把這味道抓出來，進而表現出蔬食自己的特色；這就變得廚師得花很大的心血在別的地方做出突出，所以我們不斷研究，花不同的、更多力氣來用蔬菜呈現餅乾，光是龍蝦＋餅乾的組合就試了好多次。

最後用梨＋起司取代龍蝦，做到龍蝦沒有的甜味、卻有清爽口感；西瓜也嘗試各種表現，怎樣把味道做得更突出一點；魚子醬則用橄欖油調製。一切以先發想味道，再來想如何呈現而運用分子料理的方式，並不是為了做而做，果然成功地變化出很豐富的層次感。

奶酪沙拉配料

材料

塔塔醬

馬斯卡彭奶酪300克

馬蘇里拉芝士（切條）1個

紅蘋果（切條）1個

紅蔥頭（剁細）2顆

調味料（鹽、黑胡椒粉）

松露油

作法

所有配料拌勻即可食用。

3種不同蔬菜片的配料

黃色＝玉米

材料

Ⓐ 日本番薯50克（蒸熟去皮）
玉米仁265克（1小罐裝）
水200克

Ⓑ 玉米粉30克
水60克
調味料（鹽、糖和蘑菇調味料）

紫色＝紫色馬鈴薯

材料

Ⓐ 紫薯265克（煮熟去皮）
水200克

Ⓑ 玉米粉30克
水60克
調味料（鹽、糖和蘑菇調味料）

綠色＝菠菜

材料

Ⓐ 菠菜250克（煮熟）
毛豆100克
水200克

Ⓑ 玉米粉30克
水60克
調味料（鹽、糖和蘑菇調味料）

作法

1. 所有蔬菜片都是相同的烹飪方法。
2. 混合材料Ⓐ，絞爛磨成泥，過濾一次，之後放進鍋裡和材料Ⓑ一起用中火煮至濃厚，放烘焙紙上抹平。
3. 放入食品烘乾機（分子料理機器）烘乾8小時左右；然後，炸至酥脆即可食用。

醃製西瓜

材料

西瓜（去皮，切成圓角大塊狀）

水200克

糖100克

醬油200克

芝麻油100克

作法

1. 將所有成分放入真空袋（分子料理器具）並壓縮1分鐘；之後放入冰箱內醃漬一日，然後切成小丁備用。
2. 在盤上放上切成薄片的梨，在梨上再放奶酪沙拉，然後在奶酪沙拉上面放上炸好的3種不同蔬菜片，最後周圍擺一些醃漬西瓜，就可以享用了。

Side Dish | 一人份

火龍果
搭配日式和風醬
＆蔬菜沙拉
和蘆筍拌松露油

Dragon Fruit with Japanese Dressing, Vegetable Salad and Asparagus Perfumed with Truffle

一開始其實我是想創新一道松露水果沙拉，所以平常就已經動腦筋該怎麼呈現，直到某一天看到「美女與野獸」電影裡其中有幕：一朵漂亮的花用玻璃罐罩著，突然就有了想像。首先我選用火龍果是因為它的口感、清爽度和顏色，再用自己特製的和風醬淋在上面，不只能把水果甜味帶出來，還意外的有鹹香甜脆的口感，類似台灣的和風醬水果沙拉。

一旁的脆筍則是放入了特製醬料裡（蘋果露）醃製而別有香味，再用松露醬、義大利小番茄、蘆筍、紫色馬鈴薯、沙拉配菜，整個搭配一起吃，故事性十足，入口生津。

火龍果

材料

火龍果與日式和風醬的配料

紅肉火龍果半個

和風醬1茶匙

作法

用小刀將火龍果去皮，雕刻成蓮花形。調配和風醬即可食用。

蔬菜沙拉蘆筍拌松露油和橙色蛋黃醬

材料

Ⓐ 美國蘆筍1個（去皮切成小方塊）
紫色馬鈴薯1/2nos（去皮切成小方塊）

Ⓑ 筍1個（切成小方塊）
接骨木花糖漿100克

Ⓒ（橙色蛋黃醬）
蛋黃醬100克
濃縮橙汁55克
英式羅勒葉15克

Tobasco辣椒醬2克、酸橙粉8克

Ⓓ 松露油1茶匙
鹽適量
黑胡椒粉適量

作法

A 用鍋煮水直到沸騰，將白蘆筍和馬鈴薯放入煮熟，再浸泡在冷水中。

B 用鍋煮水直到沸騰，將竹筍放入煮熟後，再浸泡在冷水中。將其取出並放進接骨木花糖漿一天。

C 充分混合所有材料。

組合

使用Ⓓ材料將Ⓐ材料混合均勻；然後，Ⓒ材料和Ⓑ與火龍果一起吃。

Side Dish | 一人份

根莖類蔬菜配松露馬鈴薯泥

Baby Root Vegetable serve with Truffle Mash Potato

松露馬鈴薯泥是這道料理的最大特色，我在這上面下了很大功夫。一般餐廳都用攪爛磨成泥的做法，但我先把薯泥磨得很黏，再用過濾網刷，稀釋個三、四次，整個變得非常綿密，有種入口即化的口感。

蔬菜我都選用最小、根部最甜的地方，用恆溫的水添點醬料去煮的（使用分子料理器具），確保甜度和穩定性。

舀起一口馬鈴薯，有松露和奶油融入的香味，蔬菜和著吃，吃得出茴香的根部、水煮紅蘿蔔的微酸味，是那種原始性很重的植物本身味道，蔬菜味因此也提升；尤其是吃進甜菜和馬鈴薯的交融，整個味道都不一樣了。

至於擺盤在外的開胃蔬菜，不止想吸引客人視覺，小菜也提味，全是自己醃漬的，有日本白蘿蔔、果凍、紫蘇、小珍珠洋蔥、酸梅，一一品嚐，各有滋味。

鹽烤甜菜根

材料

甜菜根1個

鹽2湯匙

鋁箔1張

作法

將甜菜根放入鋁箔中，撒上鹽，包覆起來，然後放入烤箱220°C烘烤1小時。之後將其去皮和切成立方體。

小紅蘿蔔

材料

小紅蘿蔔5個（去皮）

黃油1/2湯匙

水50克

蔬菜湯1湯匙

作法

將所有材料放入真空袋中，然後在85°C的低溫中，用分子料理器具烹飪30分鐘。

焦糖茴香

材料

茴香一個（去掉頂部並切成兩半）

水50克

黃油1湯匙

糖1湯匙

鹽1茶匙

作法

將所有材料放入鍋中並煮沸，直到所有水分蒸發並變成焦糖。

松露馬鈴薯泥

材料

美國馬鈴薯泥100克（去皮）

無鹽黃油1湯匙

奶油40克

白松露油1湯匙

作法

1. 將馬鈴薯蒸至其變軟，然後搗碎，加入所有材料之後，使用手動攪拌器將其均勻細膩地混合在一起，再用紗網篩3次，直到馬鈴薯泥非常綿密。
2. 用玻璃杯放入2湯匙馬鈴薯泥，並在頂部放置3種不同的根莖類蔬菜，然後一起享用。

Side Dish｜一人份

創意蔬食生魚片

Vegetable Sashimi Coconut, Vegatable Salmon , Sashimi Aloe Vera

上菜時總會引起客人「哇！」驚呼聲的「一大盤」前菜；新加坡因均溫30多度，用冰塊鋪底的這道「長年菜」，一年四季都受歡迎～

左起橙色看似鮪魚片的，是由蒟蒻和紅蘿蔔汁結合來加以呈現真實感，有不少客人總是錯覺吃下了海鮮味；正中央白色片是椰子肉，先用煙燻醬醃過再以火槍燒炙，沾上芥末醬後入喉瞬間椰香與嗆辣形成絕妙口感；白色捲成圓筒狀的則是竹笙，清爽冰脆搭配醬汁剛剛好，上方點綴一點紅色玫瑰蘆薈（以新鮮蘆薈醃漬花露），竹笙沾醬油吃起來也很有鮪魚味，符合台灣人喜歡素沙西米的趣味。

另有圓卷白色山藥，口感清脆，但新加坡人普遍不吃，所以這裡只做小點綴。法國生蠔葉因口味最重，建議最後品嚐、更是壓軸，這創意緣於一次在米其林餐廳初嚐後驚訝於太像生蠔味而來的。將葉子嚼到味道盡出後再小口飲進特調醬汁（Tabaso的辣融合碎杏苞菇味），混合於口腔中漫溢出生蠔香，別有鮮味和趣味；光為了這一瞬間的碰撞與融合，就讓團隊挖空心思，另還創作出如果巧搭酸柑醬，便可降低生蠔的濃重味，產生特殊喉韻。這道料理，可見處處細節和用心。

椰子刺身

材料

泰國椰子肉2片

煙燻液1湯匙

作法

用煙燻液醃製泰國椰子肉10分鐘，再使用炬火槍將椰子燒至表面有點微焦，就可以了。

蒟蒻三文魚

材料

Ⓐ 蒟蒻三文魚1片（250克）

Ⓑ 水2000克
醬油300克
糖150克
八角5克
蜂蜜80克
薑15克（細剁）

作法

1. 將Ⓑ所有的材料放入鍋中煮至沸騰；之後，將其過濾並冷卻溫度。
2. 取30克Ⓑ材料的液體和一片蒟蒻鮭魚放在真空袋中醃製過夜
3. 取出三文魚並切片，然後將其滾動。

蘆薈刺身

材料

蘆薈1個

玫瑰糖漿

作法

1. 去蘆薈的皮，切成條狀；用沸水煮兩次蘆薈。
2. 將其取出並冷卻溫度。最後，用玫瑰糖漿浸泡蘆薈（蓋滿到表面以上）2天就可以了。

Side Dish｜一人份

櫛瓜與奶油芝士＆松露蛋黃醬＆酥皮

Zucchini Stuffed with Crème Cheese, Truffle Mayo, Medallion of Puff Pastry

在我過去經營的西餐中，有道是用生牛肉繞成「塔」狀的料理，口碑非常好，於是便想將這招牌加以運用，請團隊也變出一模一樣的「塔」。但運用蔬食食材的困難度在於如何讓「塔」站立，就曾遇過師傅直說「不行、怎麼可能」；加上不想為了追求所謂的創新而創新，而是真的要去抓到那個味道，所以花上一、兩年的時間探索。

客人看到端上桌的剎那都很感動，捨不得拆散用櫛瓜仔細盤繞的「作品」，更好奇那一圈圈如何黏著而上？

哇～原來是神奇的松露醬！

帶著享受盛宴的心情，切下一段、沾些花生末、加點餅乾，清爽入口卻也松露味飄逸而出；客人都知道它的價值可比米其林星級餐廳的80元坡幣——除了有我們的用心選材，更有人工和時間的投入，是一道能令人感動的創新料理。

奶油奶酪

材料

奶油芝士500克

奶油600克

松露油1湯匙

鹽1/2湯匙

作法

充分混合所有成分。

松露蛋黃醬

材料

蛋黃醬1.5公斤

松露油2湯匙

松露泥375克

作法

充分混合所有成分。

酥皮

材料

酥皮1張

雞蛋1個（混合均勻）

作法

將酥皮切成條狀，然後用雞蛋擦塗；再將其在140°C的烤箱中烘烤40分鐘或直到變成金黃色。

櫛瓜

材料

綠色櫛瓜4薄片

作法

將4片櫛瓜卷切成塔狀；然後，塞滿奶油奶酪、松露蛋黃醬，然後放入酥皮。

Side Dish | 一人份

芝士焗香菇

Gratinated Champignon with Mozzarella

是否很眼熟？烤田螺嗎？當然不是！我們以蘑菇取代有腥味的田螺，先炒了蘑菇再撒上濃濃起司，空氣中飄逸的雙重香味令人齒頰生津。取自這杯型容器的創意主要在於可以讓蘑菇不至於滾動，也兼顧口感的保留。盤緣的裝飾則可以隨興緻玩出各種變化。

香料牛油

材料

無鹽牛油（放在室溫直至變軟）

鹽2茶匙

百里香1湯匙

迷迭香2湯匙

作法

所有材料混合均勻。

白蘑菇

材料

白蘑菇6粒（大小剛好可以放得進盤子的洞），一切成4

莫扎里拉奶酪

美奶滋

作法

1. 把鍋子加熱，然後用3湯匙牛油（黃油）炒白蘑菇直到金黃色。
2. 放入田螺盤，一個孔放一個蘑菇。然後，放一點美奶滋後在上面再放上莫扎里拉奶酪。
3. 放入220°C的烤箱烘烤至金黃色。

Soup | 一人份

昆布湯

Kunbu Soup

很多人都喜歡蛤蠣湯，但有時難免喝到蛤蠣的沙或蛤蠣不夠新鮮，我選用昆布就沒有這方面的缺點了，甚至還有優點是比蛤蠣還甜；很多客人以為加了糖，其實是海帶本身的鮮甜。造物者已經給了我們很多食材，它們都很有特色，只是我們有沒有善用而已。

材料

昆布25克
裙帶菜海藻15克
濃縮蔬菜高湯25克
白蘿蔔500克（切塊）
香菇5朵（切片）
水2.5公升

作法

1. 將所有材料放在一起煮至沸騰。熄火，放置1小時。
2. 取出所有食材只剩下湯，把湯用紗布再進行過濾一次，加點鹽，煮沸。
3. 豆腐切至喜歡的形狀，然後汆燙煮熟、加入湯裡，就可以上菜了。

Side Dish | 一人份

蔬菜天婦羅

Vegetable Tempura

傳統的天婦羅是用麵粉加天婦羅粉去炸的，我們改用蔬菜和水果來做出效果；最大特色是將食用竹炭粉（呈現黑色）與天婦羅粉結合，形成粉漿後，放進Espuma分子料理器具，讓空氣打進後再沾粉下去炸，便能呈現蓬鬆感，搭配自製花生芝麻醬，一口咬下竟有別於一般的軟Q，而呈現另類的脆感和水果香味，口感相當有層次。

木炭麵糊

材料

天婦羅粉450克

木炭粉4茶匙

鹽1茶匙

水1公斤

作法

拌勻就可以了。

蔬菜天婦羅

材料

香蕉（切成小段）

紅蘋果（一切六）

四季豆

芋頭（切片）

茄子（切條）

麵粉

作法

給蔬菜和水果拍上麵粉；之後放入木炭麵糊。將其在300°C的油溫下油炸，直至氣泡變小即可食用。

傳承學堂

接受傳承再融會貫通，
創新管理風格

台灣有句俗諺說：「狀元子好生，生意子歹生。」事業經營得愈久，愈有體會。常有抱著餐飲創業夢想的年輕人興沖沖跑來跟我說，已經找到很不錯的點了，但問他想賣什麼？如何定價？是否評估過做多少營業額才有利潤？多數回答「都可以，沒概念」。我何其幸運從小耳濡目染，從爸媽的身教和幾十年人生歷練裡不斷學習揣摩，至今努力也有將近二十年了，還是戰兢兢不敢懈怠；因此，很樂意在這裡分享一二。

應該買店面，還是用租的？

開店第一步就是預算管控，爸爸以他豐富的展店經驗建議：租金只能占營業額10%、成本占30%、人事占25%。其次是找店面，到底是租的好，還是以投資角度直接購買好？舉例：如果某店面購買價是600萬，銀行貸款利息固定為3%，那麼前二年繳息不繳本，該店租金行情應該有多少，才值得向銀行貸款購屋（如下表）；另外，當然還有很多其他因素得考慮，比如地點的獨特性、增值空間等。買下後則可進一步評估，如果用作自營（繳房租給自己），是否營收可以負擔租金，否則當然是以出租為上算，開店可再另找別處。這是在找店面時，不妨同時將投資購買店面放入評估的一個參考模式：

舉例：銀行貸款年息為3%，房價為600萬。

年租金收入	年回收占比	是否值得投資，購買該店面？
如果是18萬	18萬／600萬＝3%	否（因租金剛好抵貸款利息而已，有風險）
如果是24萬	30萬／600萬＝4%	可考慮（因多出1%的回收，可作其他運用）
如果是30萬	30萬／600萬＝5%	可買（因多出2%的回收，可用來還本金）

守住這黃金法則，我展開第一間西餐「陶」的尋店旅程；新加坡房價偏高，一開始我自然是沒有購店的打算，但即使要租，找遍新加坡也只能往最落寞的邊緣Mall（商城）去租，策略是以20～30元坡幣（台幣約400～600元）大眾化消費路線先吸引食客。信心滿滿地開店，沒有料到，真正的考驗才要開始，這鳥不生蛋的地方哪來人潮？撐了一個月，眼看情勢不對，第二個月就要發不出薪水了，焦慮情急下只好硬著頭皮打電話回台灣，媽媽只輕鬆說一句：「發不出薪水，那就關了喔～」堅持一點機會都不給！

沒有退路才是路，你會逼自己去成長。眼前唯一的路是回頭檢視：「是不是產品和形式的問題？」以傳統餐廳的單點上菜模式來說，除了要大量備料，還得擔心廚師去留，我改採標準化的套餐，美味不但沒有流失，從客人回頭率90%證明策略成功，顯然原因來自地點不佳、沒有人潮。在17年前網路行銷還不流行的年代，怎麼做才好？我整晚都在思考。相信當時如果我認為還有後援資金可以運用，是不會卯起來研究各種宣傳策略的；我開始日以繼夜研究信用卡公司、電台和電視生態，絞盡腦汁研發各種技巧，腳本自己寫、員工當演員，用剩下的微薄預算一搏，果然皇天不負苦心人、策略奏效，第三個月起營業額一再翻倍，在冷清的商場裡出現很突兀的排隊景象。

每天跟員工站在第一線

靠自己的力量起死回生，是任何金錢都難以買到的寶貴經驗，尤其是自信的建立，讓我有信心複製成功模式，走到今天。每一次回想，我都不禁要佩服爸媽的智慧；就像我從葷食轉型蔬食，爸爸也從不強勢，只會巧妙給我很多資料閱讀，設障礙和挑戰，語帶鼓勵：「我帶你去學啊！」睿智的爸爸實在了解兒子的天性就是喜歡給客人更好的東西。某一天，也許機緣到了，新加坡爆發沙西米食安事件，我於是開始認真想——你很難確保這些事不會發生在鵝肝、生牛肉上……如果我無法確定給客人最好的，何必再做！？

觀念一打開，年輕人只要「真心」赤誠認真地做，客人一定感受得到。我喜歡看到客人吃得開心，自己就很開心，於是每天跟員工站在第一線，穿著制服當侍應生給客人上菜，看客人吃下去的反應、表情、有沒有吃完，我都可以馬上收到訊息，不希望只是如一般餐廳填填問卷而已。

但如此親力親為、天生喜歡跟人接觸的特質，爸爸卻認為在管理上是不對的——未來開更多分店時如何兼顧？雖然我也認同，但我還是堅持，只因為——我寧可從客人處聽到不好的反應（才可以及時改進）。從當時21歲的自己，想要的參與度就是這樣，到現在，我還是沒有改變；很安慰，很多客人也因此從食客變成朋友，不放棄一路找到了Joie，驚訝地問：「你怎麼會在這裡！」有的甚至開玩笑罵我：「你看，我以前是吃肉的，都被你害成要吃素啦～」

管理風格是關鍵

「從客人的角度出發」另外還有我們的「不計成本」——只要客人想多吃個甜品我們就送，想多吃個主菜或是主菜口味不大喜歡，都可以換新，而這，只是成本上的負擔而已，最難的，要算「差異化服務」這件事。剛開始，廚師光為了應付客人不吃這、不吃那的口感和口味需求，常搞到起爭執：「我以前學到的料理不是這樣做的！」但我耐心跟他講：「你要用客人的角度……」花時間和用心想盡各種辦法來溝通，最後終於做到「每個老闆都會說，但真正執行起來困難度很高」的客製化。

在實現理想的過程中，我還是認為，經營者的「管理風格」往往是決定團隊是否能成為助力的重要關鍵。以我們不斷要創新點子來說，團隊在端出滿意的作品正興高采烈時，就得細想下去，這應付得來一百位客人同時點嗎？每一個微小的創意細節對廚師來說，都是額外增加的工作，那麼如何推動繼續燃燒創意的動能，就是個學問。以身作則、帶人帶心這前提，自然是不用說，針對偏年輕的團隊（有的甚至從十八歲跟我十幾年），我還特別設計了一套「用服務創造分紅」、嚴謹而不失彈性的制度化管理。

看見在不同世代上的同與異

這也是我從爸爸的「慈濟精神」提煉出來、屬於我這世代的管理哲學。爸爸的團隊幾乎都是跟他十幾二十年、有著家人情感般的稍高齡夥伴，他「用愛管理，以戒為制度」，激發員工自己的向心力和使命感，給員工人文上的提升與影響，相信這管理風格和一般企業已經很不一樣。我很慶幸，可以從這面鏡子看見我們在不同世代上的同與異，融會貫通後拿掉不適合年輕人的「戒」，身體力行帶領團隊向前衝，同時也是隨時補給創新能量的堅強後盾。

還記得曾經有一次，我很苦腦地打電話請問爸爸：「每天被餐廳的人事問題搞得暈頭轉向～」爸爸也只是淡定回我：「兒子啊，我做了幾十年餐廳，每天都還在煩這些事，這一定會發生的，我們管理的是人。」一句話就讓我輕鬆釋懷了。一直到現在，我還秉持著親力親為的熱情，和員工、客人相處得像一家人般，相信有來自爸爸身教的莫大影響；我想藉著這個機會，再一次地謝謝我親愛的爸爸，謝謝資深大前輩！

Main Course｜一人份

猴頭菇

Monkey Head Mushroom

這道是店裡其中一個招牌，很受歡迎的必點主食；光猴頭菇本身就很難料理，所以下了很大工夫，研究了二年。台灣在料理猴頭菇上大多用炸的，我們剛開始實驗時，也走硬的口感，但總不希望它吃起來像牛排；我們嚐遍各處餐廳的感覺也都偏硬，便一直嘗試如何突破。找到訣竅後改變做法，意外發現它可以帶有纖維、同時是軟Q的獨特口感，完全超乎我們的想像，尤其是味道也自然。

另還有個關鍵，猴頭菇根部是苦的，光處理猴頭菇就需十多道手續。我們用的是新鮮的整粒猴頭菇（很多地方是用乾的或罐頭裝）；廚師把根部去除，走水（用水沖一整晚去苦腥味）、去水，再走水、去水，來回三次後再醃製。

提到醃製，軟Q口感也來自醃製的工序。為了達到肉質感，很多會用加工方式（放瘦肉精）；但我們堅持不用人工添加物，克服方法就是用雞蛋浸泡，雞蛋是整個呈現纖維口感的最大關鍵。

另有發現擺盤中的巧思嗎？我們特別把猴頭菇放在日本進口的蒲葉上，用葉下烤熱的石頭來凸顯蒲葉香氣，一種森林的獨特香味燻入了猴頭菇。在軟Q的口感外，我們更想像，它如果是乾的、脆一點的呢？所以也會建議客人不妨自己煎看看，BBQ的客製化口感因此讓用餐多一層體驗的趣味。

說到體驗，我們的服務人員在上每一道時，都會解說怎麼吃；這道就有些幽默在裡面：「石頭不能吃喔！」

最後是也很重要的黑胡椒醬，它難在沒有牛骨高湯，完全用蔬菜做底。配菜的松露馬鈴薯泥就像第35頁的做法，下了很大功夫；把薯泥磨得非常黏，再用過濾網刷，稀釋三、四次，很綿密的口感入口即化，讓人一口接一口。

材料

乾猴頭菇2.5公斤
雞蛋60個
調味料200克
白胡椒50克
老抽30克
醬青100克
蜂蜜100克
麻油50克
沙茶醬100克

作法

1. 用燒水浸泡2.5公斤的猴頭菇，然後剪去根部，再用清水沖洗4到5遍。
2. 用60粒的雞蛋醃，再將調味料、白糊椒、生抽、醬油、蜂蜜、麻油、沙茶醬等調好味道，放入猴頭菇內拌均勻。大概醃10個小時左右，然後用保鮮膜一個一個包起來，用蒸鍋蒸，大概40分鐘左右就可以了。

Main Course｜一人份

百靈菇

Bailling Mushroom

別懷疑，這菇吃起來脆脆的，是：「滷鮑魚！？」客人第一口的反應常讓我們解釋了一陣子，其實只是剛好呈現的口感而已啦，並非刻意；這特性也因此鮮明地烙印在客人心中。

用耐熱度非常高的火山岩，直接在火爐上燒到300多度，滷好的百靈菇讓它浸潤在用蔬菜高湯和醬油熬成的湯汁裡，希望客人吃到的是熱騰騰的滷百齡菇，還有偏熱湯的感覺。

旁邊提味的裙帶菜，烘乾後炸至酥脆讓它有點脆感，味道就出得來了；為了呈現更特殊、根部較長、有口感的西蘭苔，捨棄一般型的；另外還有薄薄兩三個圓型切片，是否也讓人特別想去吃吃看是啥？我們即使在最小的地方，也希望給出驚喜，讓客人感受到料理的用心；享受，就在這細微的體驗裡。

百靈菇

材料

百靈菇1罐

煮百靈菇的醬

糖200克
八角5克
老薑5克（切片）
花椒5克
老抽30克
醬油50克
水2000克
玉米粉100克

作法

1. 煮醬汁。將糖煮成焦糖，直至淺褐色；之後，放入所有材料並煮至沸騰。用玉米粉勾芡。
2. 用沸水煮沸百靈菇3分鐘，然後取出，放入真空袋中（採真空低溫烹調法），放入250克的百靈菇醬。用真空機（採真空低溫烹調法）將其在85°C下烹飪4小時。

炸裙帶菜

材料

乾裙帶菜100克

作法

1. 將乾裙帶菜浸泡在水裡一小時，然後擰乾水分，放在食物烘乾機的盤裡，烘乾8小時左右。
2. 用300°C的油溫炸至酥脆，就可以與百靈菇一起享用了。

Main Course｜一人份

雞蛋豆腐
配炒蔬菜和豌豆醬

Egg Tofu serve with Sautéed Vegetable and Green Pea Sauce

這是比較精緻、也最清淡的一道主菜，很適合年紀較大的人食用。除了我們堅持不喜歡用加工材料，自己磨豆子、自製酸甘豆腐之外，特別還加入了蛋和菠菜，讓豆腐呈現自然的黃色，再烤過，提升一口咬下時有點乾、有點Q彈的感覺。豆腐的上層撒些爆米花點綴，增加脆脆口感，再鋪上用分子料理機打出的松露泡沫，趁熱一起吃，泡沫在嘴裡瞬間融出淡淡松露香，整個提味和味覺層次感效果十足。一旁的紅蘿蔔丁除了點綴綠色豌豆醬，凸顯視覺配搭之外，它還有像飯一般的口感，和著口味清淡的豆腐一起吃，頗有畫龍點睛的飽足效果。

雞蛋豆腐

材料

雞蛋10個

無糖豆漿600克

調味料少許

作法

1. 充分混合所有材料並過濾；在100°C下蒸1小時。
2. 切成長條形，然後用玉米粉覆蓋，炸至金黃色。

炒蔬菜

材料

胡蘿蔔50克
（切成小塊，然後燙一下）

美國馬鈴薯50克
（切成小方塊，然後燙一下）

馬斯卡彭奶酪20克

黃油1湯匙

水20克

調味料少許

作法

將所有原料放入鍋中煮至熱就完成了。

綠豌豆醬配料

材料

綠豌豆1公斤

毛豆1公斤

水1.5公升

濃縮蔬菜湯200克

綠咖哩醬2湯匙

調味料少許

作法

放入所有原料並煮至沸騰；然後，攪碎至細滑並瀝過。

Main Course | 一人份

南瓜義式餃子和
菠菜義式餃子配腰果醬

Pumkin Ravioli and Spinach Ravioli serve with Cashew Nut sauce

這是一道法日創意料理的淡味主菜，推薦給女生，吃起來不會太飽，享受的是精緻度。我刻意把味道做得清爽卻也有層次感，適合來杯紅酒佐味，體驗馬上變得很不同；以義大利菜來說，通常如果是適合搭配紅酒的，常因此顯得味道很平、很膩，這道的特色卻可以以其豐富的層次感勝出。

光是餃子就有南瓜、菠菜二種口味，偏法式的作法讓嚼勁十足；一般西餐喜用奶奶的醬汁搭配，我們則完全以三種豆子來做變化取代，同時能達到綿細感，醬汁裡另還藏有細碎的葵花子和蔬菜（菠菜、南瓜），和著餃子一起咬食時揉合出特殊的口舌觸感，愈嚼愈有味道。

最後的畫龍點睛，則是考量如何讓一絲絲松露味兒提味而不至於搶了主食風頭，於是我們讓分子料理登場，從醬汁裡打出薄薄的松露泡沫，再撒點歐洲進口的玉米小芽根、紫蘇，就此堆疊出口味和擺盤都豐富的層次感，深受女生的青睞。

胡蘿蔔義式餃子皮

材料

胡蘿蔔餃子皮、麵粉200克

胡蘿蔔汁100克（1個胡蘿蔔和100克水攪碎並過濾的水）

作法

充分混合所有材料，使其成為麵團；再用擀面棍將麵團擀平。最後，使用圓環將其切出。

南瓜餡

材料

奶油南瓜1個（去皮，取出種子切成薄片）

Ⓐ 紅蔥頭2個（去皮，切碎）
大蒜5克（剁碎）
八角1個
丁香1茶匙

Ⓑ 調味料

作法

1. 將南瓜烘烤至變軟並煮熟。
2. 用油加熱鍋和爆香材料Ⓐ之後，取出八角茴香和丁香，然後放入南瓜和調味料。同時搗碎南瓜並煮熟。
3. 使用胡蘿蔔餃子皮，放入2茶匙南瓜餡包起來。最後，將南瓜餃子放入沸水中煮2分鐘即可。

菠菜義式餃子皮

材料

菠菜餃子皮、麵粉200克

菠菜汁100克（將50克菠菜與100克水攪碎並過濾就可以了。）

作法

充分混合所有材料，使其成為麵團；再用擀麵棍將麵團擀平。最後，使用圓環將其切出。

菠菜餡

材料

中國菠菜100克（去根）、老薑5克（切碎）

調味料

作法

1. 用開水燙菠菜1分鐘；再將其過濾並用食品攪碎機攪碎，濾出果汁。
2. 用油加熱鍋炒薑，放入菠菜和調味料，煮至香味散出。
3. 使用菠菜餃子皮，放入2茶匙菠菜餡料包好。最後，將菠菜餃子放入沸水中煮2分鐘即可。

腰果醬配料

材料

Ⓐ 腰果100克（在水中浸泡一整夜）
水 150 克、紅青蔥 5 克（剁細）

Ⓑ 美國馬鈴薯20克（切細，在水中氽燙）
紅蘿蔔20克（切成細丁，在水中氽燙）
調味料
英式羅勒葉20克（切絲）

作法

1. 用油加熱鍋，炒蔥和腰果，加入水煮至沸騰。
2. 將其攪碎均勻並過濾。最後，放回腰果水並放入材料Ⓑ中，直到沸騰。做完了與餛飩一起食用。

Main Course | 一人份

菠菜千層麵和剁烤綠花椰，與烤球芽甘藍和腰果粉

Spinach Lasagna topping with Chop Roasted Broccoli serve with Roasted Brussels Sprouts and Cashew Nut Powder

完全無蔥蒜蛋奶。千層麵在一般概念會沾番茄醬吃，主觀上先入為主也會跟牛肉連結，我們改用番茄＋菠菜，卻意外別有牛肉食味，這不知是否來自大腦的作用，是相當有趣的實驗和體會。為了加強區別和做出特殊性，我們有幾項創意：

(1) 把一般千層麵裝盤成四方形的刻板印象改為圓形，而且每一個單獨完成，這在製作和料理功夫上得多花一倍時間。

(2) 在麵層上鋪上厚厚的綠花椰頂端的綠色小花末，提供類似肉碎一般的飽足感，視覺上的翠綠色讓咬下的每一口備感清脆，稱作綠花椰飯。

(3) 一旁的粉末是用無花果烘乾磨成的，想讓畫面產生一種像沙一般柔軟的視覺效果，無花果帶點鹹味，客人切下千層麵後，可沾點粉調整鹹味，增添不少調味的趣味。

(4) 另外還提供了特殊沾醬，盤面也裝飾小花，希望帶給食客多層次的體會，透過味蕾巧搭和美感點綴，讓吃千層麵的心情頓時就像遊戲一般，豐富多變化。

千層麵

材料

麵粉400克、胡蘿蔔汁200克

作法

將所有食材揉成麵團，然後，用擀麵棍將其擀平。最後，塑出圓形。

菠菜

材料

菠菜（用沸水煮熟，然後攪碎）1公斤、生薑（剁碎）3湯匙、調味料

作法

將所有食材炒至香味出來。

番茄醬

材料

Ⓐ 橄欖油3湯匙
羅馬番茄（切丁）6個
紅蘿蔔（切丁）兩條
白蘑菇（切丁）10個

Ⓑ 濃縮蔬菜湯6湯匙
英式羅勒葉30克
百里香10克
調味料（黑胡椒、糖、鹽、蘑菇調味料）
去皮番茄（攪碎）1桶

作法

首先，用橄欖油將食材Ⓐ爆香；然後，放入食材Ⓑ煮至沸騰。最後，將其攪碎就可以了。

鷹嘴豆醬

材料

鷹嘴豆1小罐、橄欖油5湯匙、乾牛至1湯匙、營養酵母5湯匙、黑胡椒1湯匙、水半小罐

作法

1. 用油將鷹嘴豆炒至金黃色；然後，將所有的材料煮至沸騰。最後，將其攪滑就可以了。
2. 用模具塗抹橄欖油，然後放入羊皮紙。首先，放一茶匙番茄醬；其次，放入一片千層麵；第三，放一茶匙番茄醬、鷹嘴豆醬、菠菜，然後蓋上千層麵。並繼續進行3次。之後，用鋁紙覆蓋並在220°C下烘烤15分鐘。

剁烤綠花椰菜

材料

綠花椰菜1棵、牛至2茶匙、黑胡椒2茶匙、鹽1茶匙、橄欖油1湯匙

作法

首先，將所有原料放入220°C的烤箱中，直到金黃色；第二，將其攪碎。最後，將其放在菠菜千層麵上並一起食用。

烤球芽甘藍和紫甘藍

材料

紫甘藍1/4顆、球芽甘藍2個、橄欖油4湯匙

作法

將所有原料放入220°C的烤箱中，烤至金黃色。

腰果粉

材料

腰果500克、營養酵母80克、鹽1湯匙

作法

烤腰果直到金黃色；之後，將所有成分攪伴直至成為粉末，與烤球芽甘藍一起食用。

Main Course｜一人份

炒野米飯與茄子塔

Fried Wild Rice with Eggplant Tower

曾有客人說：「這茄子塔太肥了！」但食材裡根本沒有油、也沒有肥肉啊！一開始單純只想做出茄子塔（塔：比較義大利式的做法），所以先把茄子料理過後，一層茄子一層醬地鋪疊上去，再去烤，不知不覺做出來像極了肥豬肉，原來蔬菜也可以做出三層肉的味道，吃肉會膩，吃茄子卻是不膩又健康。

這道飽足感十足而且營養價值很高的概念是來自「炒飯配三層肉」，搭配的是歐洲野生米（偏種子類，比普通米還硬、甚至是最硬的）；我們花很長時間將米煮軟，再去炒橄欖油、松子和蔬菜，炒出香味四溢，吃的時候可沾些咖哩醬，肥肉的口感瞬間轉化降低，就連一旁的小豆苗也提供青草入味的轉化效果，無論是分開單獨吃或慢慢融合，客人可以自己加以變化體驗，原來每一道料理都可以吃出不同的滋味和趣味。

炒野米飯

材料

野米飯100克
紅蘿蔔10克（切細條）
甜豌豆2個（切細條）
烤松子5克
鹽和黑胡椒碎少許

作法

1. 先洗淨野米；然後用水把野米煮到開花。
2. 起鍋熱油，把所有材料加在一起炒到熟和香味散發，就可以起鍋上菜了。

蒸茄子用的醬料

材料

水100克
醬油30克
老抽10克
鹽5克
香菜10克（去根）
玉米粉20克

作法

把所有的材料（除了玉米粉）加入鍋裡煮沸騰；然後用玉米粉加水勾芡就可以起鍋了。

茄子塔

材料

Ⓐ 茄子1個（去皮，然後切片）
Ⓑ（茄子醃醬）
黑胡椒1匙
醬油1匙

作法

1. 先用茄子醃醬醃茄子10分鐘；然後起鍋熱油，將茄子煎到起色就可以了。
2. 在模子裡放煎好的茄子，然後擦上蒸茄子用的醬料；一層一層鋪，大約6到8層就可以了。
3. 放進蒸籠裡，用100°C滾水蒸1小時；然後，拿出來切厚片就可以和炒野米飯一起上菜了。

Dissert | 一人份

紅酒燉梨

Red Wine Pear

這是蠻傳統的法式甜品。基本上我們選用比較有梨子香、偏軟的梨子（因為要燉，視個人口感），這選擇很關鍵，將決定口感的不同；用紅酒、肉桂和其他材料一起煮的醬汁，再經過點火讓酒精蒸發後煮成的梨子，富含葡萄維生素，無酒精，卻別有香氣，是很清爽的飯後甜點。

旁邊配襯一球新加坡很普遍的冰沙，可讓擺盤更添層次感，一下子就跟傳統的燉梨很不同了，強調的是清爽、去油脂；由於冰沙帶有酸柑味（檸檬香氣卻不酸的柑橘味），沾一點烤過的碎花生再融入口中，特別的提味。

材料

Ⓐ 中國鴨梨50個（去皮）

Ⓑ 紅酒4瓶
肉桂棒8個
丁香30克
肉豆蔻6湯匙
糖800克

作法

1. 將所有Ⓑ材料放入鍋中煮至沸騰；同時，點燃火以減少酒精並過濾。
2. 在一個真空袋中放入4個梨和145克煮熟的紅酒。對其進行真空處理，然後在85°C的低溫中烹飪8小時。

新加坡篇 SINGAPORE

Dissert | 一人份

巧克力熔岩蛋糕

Chocolate Lava

除了基本的巧克力、蛋、麵粉之外，糖放得並不多，因此比較不甜；煮巧克力的時間最是關鍵，我們花了許多時間嘗試，讓熔岩巧克力被蛋糕體包覆在中間，當客人切開蛋糕看見可口的巧克力時，多會發出「哇」的驚嘆聲，垂涎三尺呢！

材料

Ⓐ 黑巧克力（55%）1公斤
無鹽黃油1公斤

材料

Ⓑ 全蛋20個
蛋黃20個
糖粉460克
麵粉40克

作法

1. 將材料Ⓐ隔水加熱，直到融化，混合均勻並冷卻溫度。
2. 使用蛋糕攪拌機將材料Ⓑ混合約8分鐘並過濾。
3. 將第一和第二項混合均勻，成為糊狀。在巧克力熔岩杯上刷黃油，撒上可可粉，然後放入45克巧克力熔岩糊，將其用250°C烘烤3分鐘就可以了。

Dissert | 一人份

優格布丁

Yogurt Pudding

用沒有味道的優格去做成布丁狀，裝進透明玻璃罐裡，鋪上爆米花、綜合水果、奇異子，側面看來，層次多彩的甜點誘惑引人忍不住舀起一匙滿口吃，綿密而且不會太甜的布丁和著奇異子和爆米香，誘發著唾液腺，十足清爽不膩、口齒留香，冰涼乳香和多層次口感讓人是一口接一口。

材料

奶油1400克
糖260克
瓊脂2茶匙
無糖酸奶1460克

作法

1. 用鍋子煮奶油和糖，直到糖融化和微沸；之後，與瓊脂和酸奶混合。最後，放入杯子並放入冰箱直至凝固。
2. 可以依個人喜好在上面加入不同的水果、爆米花、薄荷葉。

Dissert｜一人份

全素椰奶和藍莓偽蛋糕，與杏仁和胡桃底

Blueberry and Coconut False Cake with Dehydrated Almond Crust

一直想嘗試創新蛋糕，但須考量蛋、奶的問題，所以就用椰奶跟藍莓去做成冰淇淋蛋糕的感覺；下層以無花果提煉香味，縱切下去，藍莓、椰子冰沙製成的冰淇淋，視覺的誘發讓人光想像這融合的滋味，就想一口吃進冰爽透涼。客人常很開心說：「哇，好厚的冰淇淋，吃起來又綿又細，好好吃！」這也是巧思喔～是有考量到「不易融化、吃得到冰涼卻不是吃冰」而特別研發的。

杏仁和胡桃底

材料

核桃260克
杏仁粉260克
黑葡萄乾60克
椰子油60克
鹽1/4茶匙

作法

將所有成分放入攪拌機中並充分攪拌。取出在蛋糕模具上平模放置，並過夜冷凍。

蛋糕

材料

腰果（過夜泡水）300克
藍莓200克
糖260克
椰子奶油300克
水300克
洋菜粉1/4茶匙
鹽1/4茶匙

作法

將所有原料煮至沸騰，並充分攪碎混合至平滑無顆粒；將其放在核桃底的頂部，並冷凍一天。取出約10分鐘後，即可享用。

Dissert | 一人份

液體巧克力

Gastronomic Chocolate

「哇！是液體巧克力？但看起來卻是固體的。」這甜點總是讓客人很驚訝、好奇連連；的確，這也是最難做的一道。沒有麵粉、黏劑，純粹是分子料理原理，用噴槍把巧克力液態醬噴成固體，難度在於如何噴成脆脆的口感；切下一塊含入口中稍微輕咬，固體的巧克力就像崩落的冰層瞬間融化於嘴中，濃醇香滋漫溢，簡直太神奇了。就連上層撒下的黃色蔓越莓，客人也開玩笑問：「這也有魔法嗎？」可不是，那也是以分子料理的烘乾機烘烤的，不像一般乾乾的口感，而是脆的喔！

材料

Ⓐ 奶油2公升（打到柔軟起小山峰為止）

Ⓑ 73％濃度的巧克力片550克（隔水煮至融化）
35％濃度的巧克力片350克（隔水煮至融化）
牛奶700克
蜂蜜300克

Ⓒ 55％濃度的巧克力片1公斤
可可黃油粉350克（一起隔水煮至融化）

作法

1. 將所有材料Ⓑ混合均勻，然後添加入材料Ⓐ中，混合均勻。之後，放入烤盤並冷凍過夜。
2. 取出並切成條狀；然後，和材料Ⓒ混合均勻並放入噴槍中。使用噴槍將冷凍的巧克力噴塗在所有表面上，並整夜冷凍。

STARTUP

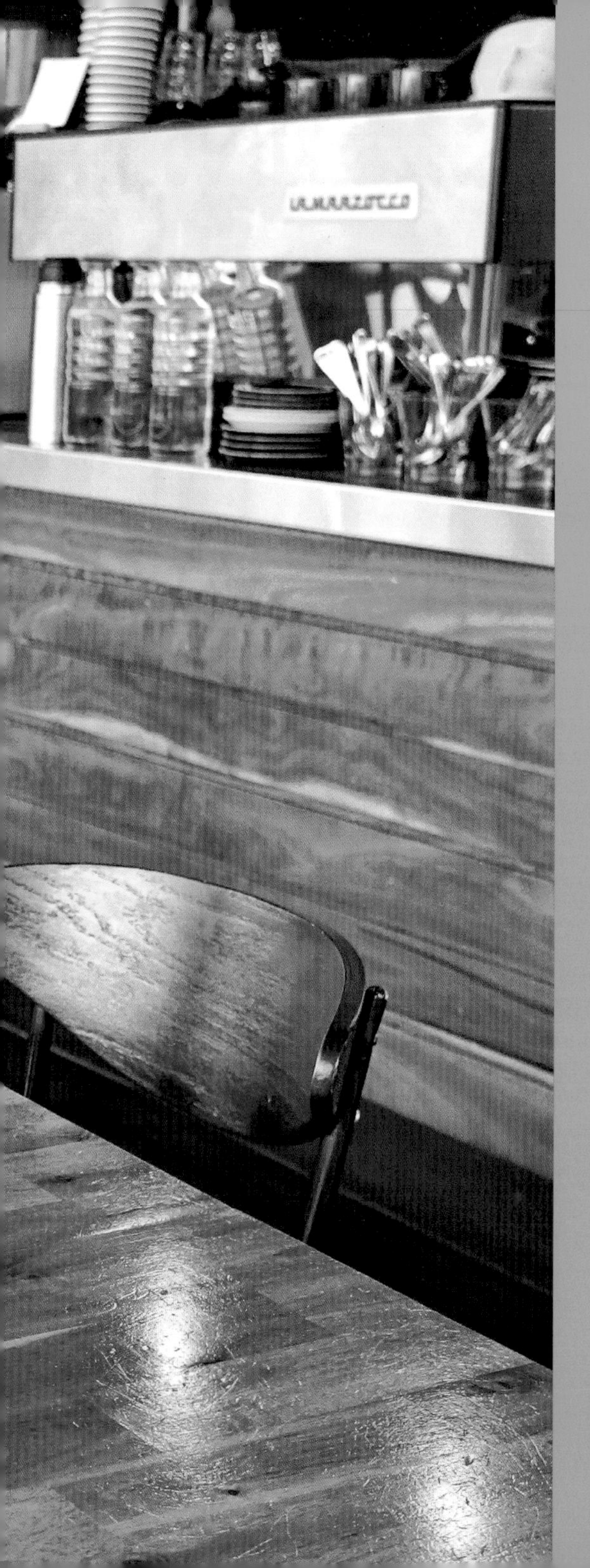

澳洲篇

Australia

蔬食——
舒食的美味Party

無肉料理，在全球蔚為風潮；很多蔬食的愛好者更喜歡自己動手做，感受從產地到餐桌的全旅程，當享受在每一個當下時，不自覺會湧上「舒食」的滿足感，身心靈彷彿也因此提升了～

舒食，是一種生活新時尚——充滿感知體驗的生活態度；歡迎一起來加入！

Main Course | 一人份

早安能量餐

Power bowl

炎炎夏日，一大早起床後，胃口不佳時，可以考慮這道色彩多樣、營養豐富的早安能量餐。

材料

- 蘋果 1/4顆（切小塊狀）
- 烤麥片 1/2杯
- 奇亞子 5克（用100毫升開水泡開）
- 優格 1/2杯
- 草莓 6顆（切片切塊皆可）
- 藍莓 10顆
- 覆盆子 5顆
- 鳳梨 30克（切小塊）
- 百香果 1顆
- 食用花 3朵
- 薄荷 2片
- 核桃碎 4顆
- 南瓜子 10顆

作法

1. 奇亞子5克用100毫升開水泡開約10分鐘。
2. 取一個椰子碗，碗裡一邊放上蘋果丁，一邊放上烤麥片，蘋果丁上面放泡開的奇亞子，烤麥片上面放優格，之後上面隨意放上新鮮的水果，撒上核桃碎，用食用花和薄荷點綴。

* 水果和堅果類可針對個人喜好去改變，只要豐富多元化皆可。

Main Course｜一人份

馬鈴薯餅班尼迪克蛋

Hash Benedict

這是一道經典的國外早午餐佳餚，它包含有英式瑪芬（English Muffin）、水波蛋（Poached Egg）、火腿或培根，還有最關鍵的荷蘭醬（Hollandaise Sauce）。所謂的荷蘭醬，是由法國人發揚光大，以蛋黃、奶油、檸檬汁（或醋）、胡椒、鹽所攪拌及混煮而成的一種調味醬汁，吃起來口感濃稠、滑順，還帶著酸酸的滋味。

這道菜在國外的咖啡館，都會做很多的變化，不會局限在上面這些材料中。我們剛開始也是使用英式瑪芬（超市都容易買到），但因國外有很多客人對麵粉過敏，所以就捨去英式瑪芬，改用馬鈴薯餅代替，現在在台灣的超市也是買得到，如果不嫌麻煩的話，也可以跟著我們一起來做喔！

馬鈴薯餅

材料

馬鈴薯絲350克	玉米粉10克
鹽5克	在來米粉10克
黑胡椒粉2克	太白粉10克

作法

馬鈴薯去皮後刨成絲，再加入調味料。取約100克放入圓形模具整成圓形後，入炸鍋炸至定型。

無蛋荷蘭醬

材料

橄欖油240克	鹽10克
無麩質麵粉24克	胡椒粉5克
蔬菜高湯600克	黃薑粉1茶匙
黃芥末醬40克	純素奶油起司600克（Tofutti cream cheese）
營養酵母粉20克	

作法

取一鍋子，放入橄欖油和無麩質麵粉，炒至香味出來後，才加入高湯和調味料，煮到滾後，才放入純素奶油起司600g

組合

材料

馬鈴薯餅	菠菜
酪梨	波特菇
番茄片	豆腐

作法

1. 酪梨切成片狀、番茄片切成片狀、菠菜用鍋加少許油炒熟；波特菇加橄欖油、鹽、胡椒、百里香少許，放進烤箱用180度烤15分鐘；豆腐炸成金黃色。
2. 取一個馬鈴薯餅，放入炸鍋炸至酥脆金黃色，放在盤子中。
3. 用堆疊的方式，在薯餅上先放上酪梨片，然後番茄片3片、炒熟菠菜、波特菇、炸酥的豆腐塊。
4. 淋上無蛋荷蘭醬，最後再灑上胡椒鹽，裝飾生菜、小番茄和香草。

* 食蛋者可以將豆腐改成水波蛋。
* 如果台灣沒有波特菇，可以用杏鮑菇，將杏鮑菇蒸熟後切成一公分厚片，刻花後，用少許油煎成兩面金黃色，再撒上鹽、胡椒粉。

Side Dish｜一人份

香椿餅

crispy cedar crepe

麵團部分

材料

中筋麵粉600克

溫水375克

蔬菜油75克

作法

將全部材料混合均勻後，蓋上蓋子讓麵團鬆弛最少1小時，或者過一夜靜置，因為隔天會比較好操作，之後將麵團分為135克一個，約可分為8個。

油酥部分

材料

香菜末50克

香椿醬50克

鹽6克

白胡椒粉6克

香菇粉4克

低筋麵粉65克

蔬菜油75克

作法

先將油加熱後放入香菜末，炒香後加入麵粉，續炒，最後才拌入調味料和香椿醬即可，油酥須待涼後才可以使用。

希臘酸奶醬

作法

酸奶可加入少許小黃瓜末、香菜末、鹽、黑胡椒粉、檸檬汁

組合

作法

1. 將麵團整成圓形後，用擀麵棍擀平成一張薄片，將油酥均勻抹上，保留0.5公分的邊不要沾到，之後捲起成一長條，靜置，之後陸續完成全部剩下的麵團。
2. 再拿第一條先完成的麵團，將它稍微拉長後盤捲成螺旋狀，靜置鬆弛，之後再陸續完成剩下的麵團。
3. 再拿第一個麵團擀平，之後可用保鮮膜紙將每片隔開，方便冷凍保存。
4. 要食用時，用油炸的方式，香椿餅會比較外酥內軟；也可用平底鍋煎至兩面金黃即可。
5. 可以與希臘酸奶醬一起食用。

entree｜一人份

越南春捲

Vietnamese rice paper rolls

高麗菜餡料

材料

Ⓐ 高麗菜150克
紅蘿蔔絲10克
豆腐條25克
乾香菇1朵

Ⓑ 醬油2大匙
糖3大匙
鹽2茶匙
高湯粉2茶匙
白胡椒粉1茶匙
香油少許

作法

1. 高麗菜切絲；紅蘿蔔去皮刨絲備用；豆腐條切成1公分x1公分x10公分長條狀；乾香菇洗淨，泡軟，切細絲
2. 將豆腐切成長條狀後，炸至金黃色，備用。
3. 取一炒鍋，放少量油，用小火將乾香菇炒香後加入豆腐條，放入醬油及糖炒香，然後再放入切絲的高麗菜和紅蘿蔔絲、鹽、高湯粉及胡椒粉調味，炒至高麗菜熟,起鍋前淋上香油即可，倒入盤中，放涼備用。

素魚露

材料

Ⓐ 水1杯
赤砂糖1杯
新鮮檸檬汁1杯
新鮮紅辣椒
鹽少許
高湯粉少許

作法

將糖和水煮至糖溶化即可，加入新鮮檸檬汁、新鮮紅辣椒丁、鹽少許、高湯粉少許即可。醬汁只要不要沾到油，冷藏可保存2～3星期。

組合

如何包越南春捲

材料

越南春捲皮

美國生菜絲

紅蘿蔔絲

高麗菜餡料

香草（一條約2片越南薄荷、4片薄荷、4片九層塔、1片紫蘇、1片魚腥草、花生碎）

作法

1. 備一鍋溫水，浸泡春捲皮用。
2. 一次取一張春捲皮，快速放入溫水2秒即可，然後擺放在盤子上，再放上生菜絲、紅蘿蔔絲、高麗菜餡料、香草及花生碎，將兩邊往內摺後，再從前端往前捲緊。
3. 食用時，伴隨越南素魚露食用。

*全部材料要放涼後才可以製作，否則粉皮很容易破裂。

Main Course｜一人份

羅漢鉢

Nutrition bowl

國外的咖啡店最近流行的健康午餐buddha bowl，也叫one bowl meal，直譯叫「佛碗」；這碗有什麼厲害的地方，讓大家追捧呢？是因為一碗就能提供營養均衡與食材豐富的完整餐食，裡面包含全穀類、豆類、蔬菜、水果、堅果和種子。

材料

Ⓐ 生菜一小把
小番茄一小把（切半）
酪梨1/4顆（切塊）
煮熟藜麥80g
南瓜1小把
綠花椰菜4小朵
毛豆仁1小把
炸豆腐3小顆

Ⓑ 芝麻醬60克
味霖75克
檸檬汁50克
無麩醬油25克
鹽2克
黑胡椒2克
橄欖油50克

作法

1. 調味料：將材料Ⓑ全部拌勻後，放冰箱，可保存二星期。
2. 一杯藜麥加1.25杯的水放入電鍋煮，煮熟後，趁熱拌入鹽、黑胡椒、橄欖油。
3. 南瓜切成大塊狀後，拌入少許黑胡椒、橄欖油，再放入烤箱180度C烤約45分鐘，或烤至軟化為止。
4. 蒸綠花椰菜、毛豆仁，或水煮1～2分鐘。
5. 開始組合：放一小把生菜在碗裡，將芝麻醬放中間位置，然後擺上小番茄、酪梨、南瓜、藜麥、毛豆仁、綠花椰菜和炸豆腐，撒上炒香白芝麻即可上桌。

Main course｜一人份

三杯杏鮑菇

SBJ

材料

Ⓐ 2條杏鮑菇
老薑片適量
辣椒片5片
九層塔適量
麻油少許

Ⓑ 素蠔油2大匙
素沙茶醬1大匙
糖1/2茶匙

作法

1. 將杏鮑菇切成1公分的厚片，菇的一面刻花。
2. 將鍋燒熱，不加油，將菇的兩面煎至金黃色。
3. 另起一鍋加入1大匙蔬菜油，將老薑片加入以小火煸出香味，加入煎香的菇後再加入材料Ⓑ與半杯水，轉小火拌炒杏鮑菇，直到醬汁收至濃稠狀後，再加入辣椒片、九層塔與麻油拌炒均勻即可起鍋。

Main Course | 一人份

櫛瓜玉米煎餅

Zucchini Corn Fritters

酪梨莎莎醬

材料

酪梨

番茄

小黃瓜

作法

將酪梨、番茄、小黃瓜各切約0.8公分塊狀後，都是相等份量，再加少許薄荷絲拌少許接骨木花油醋醬即可。

接骨木花油醋醬

材料

黃芥末醬60克
接骨木花露250克
蘋果醋150克
橄欖油440克
鹽15克
黑胡椒粉5克
赤砂糖70克

作法

將所有材料混合調勻。如果接骨木花露不容易取的話，也可以不加喔！如果有一些柑橘類的果醬也很適合加入（但需適量加入）；如果沒有醋的話，新鮮的檸檬汁也可以取代。

組合

材料

麵糊部分：

- 櫛瓜絲500克
- 自發麵粉400克（中筋麵粉1杯、泡打粉1.5茶匙、鹽1/4茶匙）
- 玉米罐頭1罐
- 豆奶50克
- 橄欖油50克
- 鹽8克
- 黑胡椒粉2克
- 孜然粉5克
- 咖哩粉10克
- 泡打粉7克

作法

1. 櫛瓜玉米麵糊：櫛瓜刨成絲狀後，取一鋼盆將全部材料混合均勻即可；可放冰箱保存5天。
2. 如何出餐：先熱鍋，放進少許油，拿二個圓型模型，在內部噴上少許油後放入櫛瓜玉米麵糊，拿掉模型，放入烤箱180度烤10分鐘。
3. 時間到了後取出，放在爐子上煎，兩面煎至上色而且外脆內軟後，取出放到盤子中間，煎餅上擺上酪梨莎莎醬（含有酪梨丁&番茄丁&黃瓜丁&薄荷），再擺上蘋果絲，淋上接骨木花油醋醬，然後裝飾香料及胡椒鹽、檸檬。

* 如果不使用玉米罐頭，也可用新鮮玉米，約一條左右，將玉米粒切下來後用少許油炒香炒熟，等放涼才可以使用；另外，因為上面的作法是有加罐頭汁下去混合，所以如果使用新鮮玉米，就得多加120克豆奶（或牛奶）來替代。
* 剛攪拌之後會比較濃稠，沒關係，因為調味料會讓櫛瓜出水，放置一小時後再使用即可。

Main Course | 一人份

蔬菜大阪燒

Okonomiyaki

材料

高麗菜絲160克

紅蘿蔔絲25克

蛋一顆

自發粉60克

鹽、糖、白胡椒粉少許（約一茶匙）

水少許

杏鮑菇1/4條

豆薯20g

作法

1. 將杏鮑菇和豆薯切成大丁狀後，先乾鍋將杏鮑菇炒熟炒香後，再將豆薯丁加入略炒香。
2. 取一小鋼盆，將全部的材料混合在一起，加水少許讓麵糊能呈濃糊狀後，就可以放入24公分的鑄鐵煎鍋；煎鍋須事先用少許的油煎熱，才可以放入麵糊，否則會沾黏。
3. 蓋上蓋子，用小火煎約8～10分鐘後呈現大阪燒模樣，取另一煎鍋擺進起司絲，將起司融化，再將大阪燒倒扣到起司上，讓兩者完美結合，再煎至兩面呈現金黃色，即可盛入盤中。
4. 淋上美乃滋、素蠔油，撒上炒香的白芝麻、椒鹽粉少許、海苔粉，之後再撒上海苔絲、擺上美生菜絲、沙拉葉、香草裝飾點綴。

* 如果不吃蛋，可不加蛋，將自發粉改成80克即可。

Main Course｜一人份

墨西哥餡餅

Quesadilla

可以到SOGO超市或好市多，都有在賣「Tortilla」（餅皮）。這是一道墨西哥家常菜，當正餐或點心皆可，一般就是起司和配料烤做的，家裡沒烤箱也可以在爐子上用平底鍋慢火煎製，配料也是隨自己喜好任意變化喔。

材料

Tortilla餅皮1張
起司絲10克
南瓜塊4塊
馬鈴薯塊4塊
菠菜一小把
焗烤小番茄一小串

作法

1. 先將南瓜和馬鈴薯塊切成塊狀後拌入少許黑胡椒、橄欖油，放入烤箱用180°C烤約45分鐘，或烤至軟化。如果沒有烤箱的話，也可以用蒸的方式；烤過的蔬菜會較香與甘甜。
2. 菠菜用少許油炒熟，備用。
3. 取一平底鍋，開小火，當鍋熱時放上起司絲，待融化後將餅皮蓋上融化的起司絲，之後翻面，將南瓜塊、馬鈴薯塊、菠菜隨意放在餅皮的一半上，再將另一半未鋪料的餅皮蓋上有料的一邊，加入少許油、小火煎至兩面變金黃色，呈現外酥內軟狀態。
4. 做好的餡餅切成6小片像PIZZA形狀一樣。
5. 放在盤上，旁邊配上酸奶醬和酪梨莎莎醬（參考櫛瓜玉米煎餅）和焗烤小番茄與生菜，撒上少許杜卡即可

杜卡香料作法

杜卡（dukkah）源自埃及，採用天然的堅果，擁有足夠的營養價值。撒在一道簡單的料理上，立刻可增添風味的層次；或本來就是香氣撲鼻的菜餚，加上杜卡的提味，彷彿讓佳餚更產生出畫龍點睛的魔力。杜卡獨特的風味也相當受澳洲、紐西蘭當地人的喜愛，傳統方式在食用杜卡時只須麵包沾點橄欖油，再沾點杜卡香料就超好吃了。

材料

榛果100克
白芝麻50克
孜然12克
香菜籽12克

作法

1. 榛果用烤箱烤熟。
2. 白芝麻可用乾鍋沒放油狀態，小火炒至金黃色。
3. 孜然和香菜籽也是用乾鍋用小火炒至香氣出來。
4. 全部材料待涼後，再用料理機將全部材料攪細，加一些鹽和黑胡椒粉調味即可。

Main Course | 一人份

榛果青醬義大利麵

pesto and hazlnut spaghetti

青醬

材料

焗烤榛果280克
九層塔500克
橄欖油550克
起司粉50克
鹽少許
堅果（松子、核桃、榛果、腰果、杏仁皆可使用，看個人喜愛）

作法

1. 準備一鍋滾水，將九層塔快速燙過後浸泡冰水，然後擠乾水分。
2. 將九層塔放入食物調理機打碎後再加入橄欖油續打，最後才加榛果，打到大致濃稠綿密的狀態，可加起司粉與鹽。
3. 如何儲存：冷藏可放一個禮拜，冷凍可保存幾個月；可分成小包裝，方便退冰使用。

* 青醬的用途：可以塗抹在西餐前菜、主餐、沙拉、三明治上、比薩皮上，或使用在炒菜、煮湯、青醬義大利麵……

煮麵條小撇步

1. 義大利麵有分新鮮與乾燥的，新鮮的大部分都會加蛋，乾燥的則不一定，但大部分就只有麵粉與水的成分而已。
2. 煮麵時，取一個大鍋子加水，水煮滾後加入鹽，再放義大利麵條；水量一定需要是麵條的2倍量，否則麵條不易煮開，而且下水剛開始時要不斷攪拌，以免容易沾黏。
3. 麵條燙熟後不要過冷水，直接淋上橄欖油，攤涼在盤上，因為沖水過程會洗掉鹽分與澱粉，會讓醬汁不易附著在麵條上。
4. 可保留幾杯燙麵的水，在料理義大利麵時可加入調整濕潤度，麵條吃起來較不會太乾，另一方面也可增加濃稠度。

組合

作法

1. 取一平底鍋，先煎6小片櫻桃番茄，放到一旁備用。
2. 炒熟四季豆、青花菜、義大利麵，再加入燙麵水、起司粉、青醬及黑胡椒，調好味後讓它收乾水分，起鍋前加入少量的鮮奶油，煮至濃稠狀即可。
3. 煮好的麵放入碗中，擺上酪梨片、生菜、榛果粒和刨片的帕馬森乾酪，再用櫻桃番茄裝飾即可。

eating_尋味 03

蔬食也可以很浪漫

——愛、料理與傳承，22道新加坡日法精緻料理＋10道澳洲營養美味蔬食

作　　者：黃獻祥、黃彥焜、黃玉欣
撰　　文：林慧美、黃玉欣（澳洲篇）
主　　編：林慧美
校　　稿：尹文琦
封面設計：蕭士淵
視覺設計：邱介惠

發行人兼總編輯：林慧美
法律顧問：葉宏基律師事務所
出　　版：木果文創有限公司
地　　址：苗栗縣竹南鎮福德路124-1號1樓
電話／傳真：(037)476-621
客服信箱：movego.service@gmail.com
官　　網：www.move-go-tw.com

總 經 銷：聯合發行股份有限公司
電　　話：(02) 2917-8022　　傳真：(02) 2915-7212
製版印刷：豐聖彩色印刷有限公司
初　　版：2021年10月
初版三刷：2022年1月
定　　價：380元
I S B N：978-986-99576-5-6

國家圖書館出版品預行編目(CIP)資料

蔬食也可以很浪漫：愛、料理與傳承，22 道新加坡日法精緻料理＋ 10 道澳洲營養美味蔬食／黃獻祥、黃彥焜、黃玉欣著 . -- 初版 . -- 苗栗縣竹南鎮：木果文創有限公司 , 2021.10
92 面；21×25 公分

ISBN 978-986-99576-5-6（精裝）

1. 蔬食食譜

427.3　　110012064

Printed in Taiwan